教育部卓越工程师培养项目、云南省工程训练中心建设项目资助

Multi-Agent
林产品供应链管理

孟利清　龙　勤　☐著

中国林业出版社
China Forestry Publishing House

图书在版编目(CIP)数据

Multi-Agent 林产品供应链管理/孟利清,龙勤著. —北京：中国林业出版社,2020.6
ISBN 978-7-5219-0269-3

Ⅰ. ①M… Ⅱ. ①孟… ②龙… Ⅲ. ①林产品 – 供应链管理 – 研究 Ⅳ. ①S759

中国版本图书馆 CIP 数据核字(2019)第 201770 号

中国林业出版社·自然保护分社(国家公园分社)

策划、责任编辑：许　玮
电　　话：(010)83143576

出版发行　中国林业出版社(100009　北京西城区德内大街刘海胡同 7 号)
　　　　　http：//www. forestry. gov. cn/lycb. html　电话：(010)83143576
印　　刷　河北京平诚乾印刷有限公司
版　　次　2020 年 6 月第 1 版
印　　次　2020 年 6 月第 1 次印刷
开　　本　787mm×1092mm　1/16
印　　张　9.25
字　　数　226 千字
定　　价　46.00 元

前 言

FOREWORD

　　林业是人类社会发展中必不可少的组成部分，它具有维持人类生存所需要的生态平衡和维护社会经济可持续发展的双重作用。社会的公益性和基础产业性是林业的基本特性。林业产业为林业的可持续发展提供有力支撑。为了促进林业产业发展，在国家层面也出台了多项政策，其目的是通过推动产业重组，优化资源配置，加快形成以森林资源培育为基础，以精深加工为带动，以科技进步为支撑的林业产业发展新格局，以此达到加快推进林业产业结构升级，适应生态建设和市场需求变化的目的。具体做法是鼓励经营方式的集约化，发展原料林、用材林基地建设；积极发展木材加工业，实现多次增值，提高木材综合利用率，突出发展名、特、优等新兴产品，培育新的经济增长点，大力发展特色出口林产品等。

　　林业发展的关键在于林业产业的发展，而实现林业产业发展的核心在于林产品的发展。研究林产品资源利用率、降低林产品成本、提高林产品竞争能力是我国完成林业产业结构调整和实现林业发展目标的关键。在新的历史条件下，政府积极的产业政策和企业采用何种有效的管理方法促进林产品发展是林业产业发展首先必须解决的问题。探索建立一套适合林产品发展的管理体系对研究我国林业产业发展具有非常重要的理论意义和现实意义。

　　供应链管理（SCM）是伴随经济全球化与信息时代到来而产生的一种全新的组织管理模式，实践证明它正成为企业提高竞争能力、提高效益、降低产品成本的有效手段，所以国际上对供应链管理的研究正成为理论界和企业实践者们

1

研究的热点问题。人工智能的快速发展为供应链管理应用提供了强有力的技术支撑。起源于人工智能的软件 Agent 技术经过多年的研究和实践具有了长足的发展，为其在各行各业中的应用开辟了广阔的前景。本书主要利用供应链管理理论与 Agent 的自主、适应和交互等能力结合，在分析林产品具有的特点的基础上提出了基于 Multi-Agent 的林产品供应链管理研究，其目的是力求为林产品管理与发展提供一种新的可行思路和方法。研究中涉及的有关理论包括系统理论、运筹学理论和模糊理论以及方法。

本书讨论了供应链管理的本质，集中分析了供应链管理中的几种典型模型。引入人工智能的 Agent 技术，阐述了 Agent 的基本结构模型及其所拥有自治性、社交能力、反应性、学习性、自发性等功能；总结了 Multi-Agent 系统具有的分布性、开放性、适应性和鲁棒性等优良特性。说明了用 Multi-Agent 系统来构建、模拟、运行控制供应链的运行成为一种行之有效的方法。

在林产品发展中引入供应链管理是林业产业适应现代市场经济发展的客观要求。通过实施林产品供应链管理，有利于降低林产品成本，提升林产品竞争能力，使林产品资源得到合理利用和有效配置，真正实现林业经济增长方式的转变和达到维护森林生态平衡的要求，为构建社会主义和谐社会充分发挥林业产业的作用。

本书在撰写过程中借鉴了相关研究领域的一些研究成果，并得到了南京林业大学黄新教授的悉心指导，也得到了西南林业大学研究生王杰等同学的鼎力相助，在此表示衷心的感谢！同时也感谢云南省林业和草原局、中国林业出版社给予的大力支持！

由于作者水平有限，书中难免存在疏漏之处，敬请同行、读者批评指正。

作　者

2020 年 6 月 6 日

目 录
CONTENTS

1 绪 论

1.1 研究背景

1.1.1 关于供应链管理

21 世纪代以来，信息技术、全球经济一体化以及知识经济的快速发展，给产业发展、国际贸易、经营管理决策等带来了前所未有的挑战与变革，也使得国际国内市场竞争格局发生了极大的变化，这种竞争格局最突出的特点是要求生产企业必须以顾客为中心，快速响应和满足顾客需求。为了适应市场的这种新变化及要求，世界上很多企业纷纷采取不同的方式积极应对。其中，人工智能(AI)技术在相对沉默之后如今得到充分的认可和发展，其研究成果不断涌现，尤其体现在该技术与各行业的结合使该行业在各方面都得到较快发展；另外，供应链管理是一种创新型的能快速响应和满足顾客需求变化的有效管理方式，也是一种新的市场竞争方式。很显然，这种市场竞争的新方式无疑给变革中的中国企业带来新的挑战。鉴于此，我国企业应紧跟国际管理新思想与新技术变化的步伐，改变以往传统的经营管理思想和方式，从供应链管理的全新视野和角度来探索新的经营思想和管理方法以适应国际国内市场的这种快速响应的竞争态势和要求，以使企业获得可持续的核心竞争优势与最佳效益，确保企业的生存与发展。为此，近年来供应链管理理论与实践的研究深受理论界和企业界的关注，已成为一个研究热点。

对于供应链管理而言，其最主要的特征是通过对供应链上相关企业之间的沟通和协调，以实现彼此的目标为目的，将有关联的供应商、生产商、销售商、顾客联系在一起组成一个联盟体参与市场竞争，其联盟范围不仅仅限于国内市场，也可扩大到国际市场。一般而言，某一条供应链一旦形成，它必定具有一个明显的优点，即能使整条供应链上的所有环节即顾客需求订单的确定、原材料供应、产品生产与加工、产品销售、售后服务等都处于主动地位，为迅速满足顾客需求创造一切有利条件，最终实现供应链上相关企业的目标。目前，由于供应链管理的研究和实践应用，现代市场竞争的一个发展方向就是将提高企业内部绩效以获得竞争优势的传统模式转向以顾客为中心，形成以核心企业为纽带的供应链联盟并使供应链上的企业都能不同程度地实现目标的竞争模式，这是企业在管理实践上的一个非常大的变化。从已建立的供应链及其运用来看，供应链管理的实施能在一定程度上为供应链上的相关企业带来更好的目标绩效，因此，供应链管理实践是目前国际国内供应链相关研究中的一个重点研究方向。

在某一供应链建立的过程中，由于供应链中核心企业所处的行业特点的影响而必然赋予具体特定的供应链较为独特的特点，因此，实践中任何供应链在建立时不但应受供应链所具有的一般共性特点的约束，还应受所处的行业特点的约束，只有这样才能使所建立的供应链合乎核心企业以及所涉及的所有相关企业客观实际的要求，真正实现企业的期望目标。所以供应链管理的实践应用必然离不开所关联的行业的范畴及行业要求，在一定程度上，它更加强调供应链的行业可应用性，这也使得具有实践可操作性的供应链建立与管理模式的研究显得尤为重要，林产品供应链及其供应链管理研究正是这样的一个研究，它能使林产品供应链联盟获得整体绩效，最终不但使林产品生产企业极大地提高管理绩效，也能使供应链上的其他企业实现其目标，因此，这是非常具有现实意义的一个研究。

1.1.2 关于可持续发展

18世纪60年代，第一次产业革命以来，工业化浪潮席卷全球，社会生产力飞速发展，许多国家和地区的局部区域的工业企业生产规模急剧扩大。在工业化初期，工业经济的增长主要依靠增加劳动投入来实现。因此，企业对资源的消耗还不大，生产排放的有害物质对环境的破坏也只是局部问题。但后来随着工业化程度的进一步发展，到20世纪60年代，全球工业化国家社会生产力空前扩张，工业污染对环境的严重危害已危及全球多个地区、多个流域，震撼了各国政府与全球社会公众。与此同时，发达国家在经济增长过程中对自然资源的需求量仍逐年递增，而自然资源存量，尤其是天然森林资源却显得非常短缺。资源短缺和环境污染已成为阻碍人类发展的两大难题，同时也使得各国政府、学术界非常关注资源与环境的可持续发展研究。1972年，丹尼斯·梅多斯（Dennis L. Meadows）的《增长的极限》一书，在西方社会引起极大震动。同年6月，联合国在瑞典斯德哥尔摩召开了人类历史上具有划时代意义的首届"人类环境会议"，提出了"人类只有一个地球"的著名口号，标志着国际社会对环境问题已经非常重视。1980年3月，世界自然保护联盟（IUCN）发表了《世界保护策略：可持续发展的生命资源保护》，首次使用了可持续发展这一术语，呼吁全世界必须研究自然的、社会的、生态的、经济的，以及利用自然资源过程中的基本关系，确保全球的可持续发展，这标志着人类对环境与发展关系的认识有了质的飞跃。1987年，在世界环境与发展委员会（WCED）上，布伦特兰夫人（Brundtland）发表了《我们共同的未来》，提出了可持续发展的概念，即既满足当代人的需要，又不对后代人满足其需求能力构成危害的发展。1992年6月，在巴西召开的联合国环境与发展大会上通过了《关于环境与发展的里约宣言》和《21世纪议程》，为全球谋求可持续发展制定了行动框架。可持续发展思想已经成为世界各国制定社会经济发展战略的主要依据。

林产品生产企业具有其他类型企业所具有的一般特点，但由于这类企业的原材料主要是以木材为主的，这就使得林产品生产企业具有了特别的微观特点。这是因为森林作为人类生存与发展的环境基础和保障，人们越来越认识到其重要性，人类对森林重要作用的认识也是付出了巨大代价的。可以说，人类社会发展到今天，创造了巨大的财富，促使社会经济水平、生活水平有了极大的提高，但是在这些物质财富的积累过程中，却是以环境受到严重破坏和资源巨大消耗为代价的，其中对森林资源的无节制、无理性消耗是一个主要方面。为此，林产品生产企业，在可持续发展的具体实施过程中是具有双重责任的，一方面是肩负着创造物质财富以提升人类社会高品质生活水平的贡献与责任；另一方面是有责任在创造财富获得经济利润的同时不过度开发利用自然资源以维护自然界完整的生物多样性，不破坏人类赖以生存的自然生态环境。所以如何协调人类不可能不使用林产品而又不因生产林产品而肆意滥用自然资源之间的"矛盾"是值得研究的一个问题，这也是符合可持续发展既保护又利用的宗旨的。基于 Multi-Agent 的林产品供应链管理研究可以说就是本着这样的初衷来进行研究的，其最终目的就是从管理创新的角度通过研究林产品供应、生产、销售的联盟协调以实现符合可持续发展的高效节约化目标绩效，这一研究在一定程度上能够使林产品生产企业在获得期望产品的同时更加理性、节约地使用木材资源。

1.2　国内外研究进展

1.2.1　林产工业研究状况和发展趋势

在传统分类上，林产品生产企业归属于林产工业行业。林产工业一般包括木材加工及木、竹、藤、棕、草制造业和木质、竹藤家具制造业。其中木材加工及木、竹、藤、棕、草制造业又包含有锯材、木片加工业，人造板制造业，木制品业和竹、藤、棕、草制品业。就林产工业本身的性质特点来说，其在国民经济发展中具有基础性、多样性、生态性、战略性等特点，属于第二产业范畴。

我国的林产工业起步较欧、美、日等经济发达国家和地区晚，约 20 世纪初期，德国、美国、俄罗斯的林产工业发展较快，木质类林产品的加工与制造水平比较先进，已经能够生产工艺技术相对简单的人造板。而与此同时，我国林产工业尚未初具规模，尽管如此，但其发展非常迅速，自 20 世纪 70 年代末的改革开放以来，40 多年的发展已使我国的林产工业从计划经济走向市场经济，企业规模与技术不断扩大与加强，林产品种类不断增加，产品质量也在不断提高。但是，与其他先进国家相比，从总体上来说我国的林产工业基础仍然相对薄弱、产业结构与规模仍不太合理、产业从业人员文化素质较低、从事林产品生产制造的企业经济效益不高、产品市场竞争力弱等问题仍然比较突出。当前，国际上对林产工业的研究主要表现在林产企业的微观管理方面，而我国则主要表现在两个方面：国家产业政策宏观引导和林产品生产企业的微观实践。

我国林产工业的发展可划分为四个阶段。第一阶段：1949 年至 1978 年。这个阶段时间跨度大，林产工业发展较为缓慢，生产技术与产品比较简单单一。第二阶段：1979 年至 1996 年。主要任务是完成林产品生产企业的体制改革，并培育一批骨干企业。要求骨干林产品生产企业在加快消化吸收国外先进技术的基础上，大力推进国产设备的研制与开发。第三阶段：1997 年至 2003 年。在这一阶段，通过扶持民营企业和吸纳海外资本推动了林产工业的快速发展，林产品生产企业产量不断提高。第四阶段：2004 年以后。由于房地产行业迅猛发展的影响，林产工业持续、高速增长。如 2007 年，人造板产量高达 8839 万 m^3，是 2000 年产量的 4.41 倍，年均增长 48.8%。很显然，目前我国的林产工业已经具有了一定的发展基础，但如何在原有基础上推动林产工业可持续发展需要进一步研究，研究的焦点倾向于：政策宏观调控；生产企业的管理与技术创新。

在政策方面，2003年我国就已经作出了关于加快林业发展的"决定"，并由原国家林业局、发改委等七部委联合制定了《林业产业政策要点》。目的是：引导林产工业从宏观上总体规划木材使用量以确保生态环境不受破坏；用循环经济观念引领林产工业实现可持续发展；采用扶优促联扩大林产品企业生产规模。其中特别对人造板制造业指出了发展方向即以品牌产品、龙头企业为核心，重点改造、扩大现有骨干企业的生产规模，引导和促进小企业的联合与重组，培植一批大型人造板骨干企业和形成具有竞争优势的林产品产业集群。

就目前来说，随着世界各国环境与资源可持续发展意识与行动的进一步提升与推进，在林产品尤其是人造板的生产与发展的研究中，一度发展很快的中国木材加工制造行业的产能过剩但原料紧缺和畸形竞争的问题成为国内外业内人士的关注热点。目前，综合相关文献资料，国际国内对林产品生产的研究重点与发展趋势主要集中于三个方面：一是林产品生产工艺与新产品的不断改进、创新；二是对原材料的商品基地建设与管理；三是林产品生产加工企业的管理创新。

1.2.2 供应链管理研究状况和发展趋势

近年来，国外对供应链管理理论、供应链建模方法等进行研究的研究机构和组织比较多，具有代表性的组织机构主要有：斯坦福全球供应链管理委员会（Stanford Global Supply Chain Management Forum）、美国标准与技术研究院（NIST）制造系统集成部分（Manufacturing System Integration Division）、加拿大多伦多工业工程系、美国利亚桑那大学人工智能研究小组、挪威科技大学计算机系（NTNU）等。我国对供应链管理的研究相对于国外比较晚，但很多从事企业管理的研究所与大学都不同程度地关注并研究供应链管理，国家自然科学基金和高科技计划也跟踪供应链管理研究项目，许多企业正应用供应链管理理论、方法和技术指导其生产运营的实践活动。

目前，国内外供应链管理的研究及其发展趋势主要集中在以下几个方面：

（1）从运筹学、管理科学的角度，应用线性规划、最优化理论等数学方法对供应链的建立与管理进行分析。

（2）从技术信息的角度进行供应链管理区域建模的方法研究、分布式过程管理研究、供应链管理系统模拟和仿真研究、基于Agent的敏捷供应链管理研究。

（3）随着供应链管理研究的不断发展，其内容涉及的领域也在不断地扩展，它正逐渐融合自然科学、管理科学、计算机科学、系统科学、人工智能以及环境科学等，正逐渐成为一个多学科交叉、多技术综合的一门新型学科。尤其是IT（Internet Technology）技术的快速发展为供应链管理的深入研究和应用注入了新的活力，为此，未来供应链管理研究趋势将主要向信息化供应链构建及其管理研究、集成化供应链及其管理研究、智能化供应链及其管理研究、全球化供应链管理研究等方面发展。

1.2.3 供应链管理与Agent技术的结合与应用

以信息化带动产业化的生产格局已在世界范围内逐渐形成，尤其是供应链管理、AI

（Artificial Intelligence）、IT 技术中网络技术的应用已使企业管理突破了传统的着重于企业内部管理的边界，向企业外部扩展，形成企业间的交流、协作以及联合，统一目标面向市场竞争，从而获取各自相应的利益。但供应链管理理论在实施时所出现的问题也是突出的，亟待解决的问题是如何组织不同行业的供应链管理；怎样根据行业特点来实现分散结点之间信息的有效传递；如何做到用人工智能的方式动态反映供应链管理的要求等等。

20 世纪 90 年代起，在人工智能和计算机学科应用领域中，Agent 技术愈来愈受到重视，人们在研究其内涵的同时也在寻求它的应用，Agent 技术的实践应用被计算界誉为"软件开发的又一重大突破""软件界的新革命"。有人预测，未来的 Agent 技术将是重要的计算范例。Agent 技术之所以受到关注，主要是其具有两个重要特性，即自主性和相互合作性，这不但增强了它在实践应用中的可操作性，而且还将提高使用效率。但由于单个 Agent 在实际应用中还有许多不完备之处，故随着 Agent 理论和技术的进一步研究，多个 Agent 构成的多 Agent 技术（Multi - Agent System，MAS）以及 MAS 在各行业中的应用和开发研究将成为应用的热点。

供应链管理的应用离不开强有力的技术支持，多 Agent 技术与供应链管理的结合及其应用是目前较为先进的一种方式，也是提高企业管理绩效的一种值得探索的新型管理模式，其研究与应用前景广阔。

1.3 研究的目的和主要内容

1.3.1 研究的目的

2001 年 12 月，我国加入世界贸易组织（WTO）后，林产品进口关税已降为零，因此，一般来说，林产品进出口贸易将迎来一个增长机遇，并将形成新的林产品资源配置格局，同时也将竞争范畴提升到了国际化竞争层面。在这种新的竞争态势下，对于国内林产品生产制造企业来说，既是挑战也是机遇。在这样的背景下，国内林产品行业应以何种态势、何种战略、何种方式去参与国际国内的市场竞争，获得利润，是林产品生产企业实现可持续发展亟待解决的首要问题。从实践来看，"沃尔玛"之所以成为全球零售业的领头羊，虽然就其影响因素而言涉及很多方面，但其中一个重要的原因就是采用了供应链运营方式及供应链管理技术；"戴尔"在计算机市场剧烈的市场竞争中，通过建立供应链及其应用供应链管理技术实现了零配件的全球资源配置与生产，从而获得了其他计算机生产企业难以获得的快捷与较低成本优势，使其能长期处于计算机行业发展中的领先地位。实践证明，一个产业能否获得核心竞争力，实现可持续发展往往首先体现于其在管理上是否具有创新力，因此，进行管理创新不仅仅是思想上的一个重要变革，更重要的是它能使企业管理具有前瞻性并能够采用最新的科学技术，促进产业发展。为此，本研究的出发点是以供应链管理理论为指导，结合现代 IT 技术在多 Agent 理论和技术方面的研究成果，以达到以下三个方面的目的：

（1）通过对林产品特点与林产品生产企业（在本书中也称林产品供应商）行业特征及其运营模式的分析，建立结合多 Agent 理论和技术的林产品供应链，并运用供应链管理理论对已建成的供应链进行管理以期保证供应链能够高绩效运营，实现供应链整体联盟目标。

继而在整体目标实现的前提下，通过加强以林产品生产企业为核心的原材料供应环节、产品各级销售环节、顾客需求环节的协调使林产品生产商拥有能够提供稳定、充裕原材料的供应渠道和畅通的销售渠道，快捷地满足客户需求，最终实现供应链上所有企业的目标。在实现目标的运作中，由于林产品原材料生产周期长的局限因素，林产品供应链能否高绩效运营，林产品原材料供应环节的持续稳定是林产品生产商获得核心竞争力的基础支撑，这个环节的选择与有效管理是林产品供应链得以健康运营、可持续发展的一个目标重点。

（2）如果不考虑采用林产品供应链的运营管理模式，林产品生产制造企业要实现长远的正常运营乃至稳定发展并非企业将可获得资源全部投入于生产运作环节即可，那无疑是"闭门造车"，很显然企业还需要花费大量的精力与资源于原材料采购与产品销售环节，而且在某种程度上由于市场竞争所存在的不确定性，这种投入本身存在的风险性可能会使得企业难以获得正比例的报酬。因此，通过建立林产品供应链并实施供应链管理，一个重要的目的即是通过供应链的运作与管理，激活供应链上所有联盟企业的约成战略目标，并由此产生最大化的理性约束以促使供应链上的相关企业实现不偏离供应链整体目标与个体目标的运营行为，从而使核心林产品生产企业获得良好的供应商和销售商的通力支持与配合。一旦呈现这样的局面，供应链上的核心企业——林产品生产制造企业必然具有更多的精力来关注生产运作。这样一来，林产品生产制造企业就有可能积蓄充足的资源并将它们投入到生产中，比如能够投入足够的资金，适时地引进或改进生产工艺和技术以提高林产品的质量和可靠性，扩大企业生产规模，降低林产品的生产成本，不断开发新产品，提高林产品的原材料利用率，快捷准确地获取产品需求订单以满足顾客的个性化要求等等，最终达到获得林产品核心企业竞争优势的目标。

（3）当今企业获取市场竞争优势，培育企业核心竞争力的一个潜在前提就是必须具有快速响应市场变化，快捷满足顾客个性化需求并同时降低企业运营成本的能力。然而，这种能力的获取很难依靠企业传统的管理理论与技术来获得。因此，供应链建立技术与其管理理论的研究与运用之所以能够成为21世纪国际社会的一个研究热点，是因为核心企业不但可以通过建立以其为中心的供应链来获取它靠传统运作模式与管理难于获得的运营绩效，还能同时兼顾并使供应链上的相关企业也获得它们期望的企业目标绩效。鉴于此，在林产品供应链的建立与管理过程中不仅仅需要考虑到供应链核心企业——林产品生产制造企业的利益目标，还应关注供应链上所有企业的利益目标，否则林产品供应链中所涉及的多级供应商、核心生产企业、各级销售商包括顾客层面很难形成一个整体并组成战略联盟体，所以这也是建立林产品供应链与进行林产品供应链管理的一个目标。

本研究的意义主要有以下三个方面：

第一，用供应链管理理论和技术指导林产品供应链的建立与管理，能够填补供应链管理理论在林产品生产管理中应用的空白，能够在一定程度上丰富供应链管理理论与技术。

第二，将供应链管理理论、技术与 Agent 技术结合并应用于林产品供应链的建立与管理，不但能提高林产品生产企业、林产品供应商、林产品销售商的竞争力，还能够为探索智能化的高层次供应链管理奠定基础。

第三，为我国林产品生产制造企业实现可持续发展找到一条可行之路。

1.3.2　主要研究内容

基于研究的目的和目前供应链管理理论实际应用的不足，本书拟开展的研究主要为以下几个方面的内容：

（1）供应链管理理论与 Multi-Agent 技术分析

首先，结合供应链管理理论研究现状和 Agent 技术的发展，对供应链管理的内涵以及所涉及的主要内容，进行归纳和总结其组成结构，拟提出典型供应链管理的模型及集成供应链管理模型和智能管理模型。其次，构建 Agent 的结构模型和 Multi-Agent 系统的理论模型。

（2）我国林业产业经济价值和贸易状况分析

结合已有的数据，分析木制林产品的经济贡献价值以及贸易状况，探究木制林产品的生产以木材资源的消耗与林业可持续发展存在固有的矛盾，从科学管理角度着手达到降低林产品资源的消耗和提高林产品生产效率。探讨供应链管理理论结合 Agent 技术实现上述目的可行性。

（3）林产品供应链特点分析

从供应链管理的角度出发，对林产品以及林产品生产企业进行分析与鉴定。并对林产品具有的种类多，健康环保功能强，培植周期长，产品供应链长等特点进行了归纳和总结，指出了林产品生产中存在的主要问题，说明实施林产品以及林产品供应链管理的主要意义。

（4）Multi-Agent 林产品供应链管理系统

用供应链理论指导构建基于 Multi-Agent 林产品供应链管理系统的网络结构和集成的供应链管理模型；并在供应链管理系统的保障体系中，探索基于 Multi-Agent 林产品供应链管理运作的策略选择，主要包括生产商与供应商一体化联盟策略、林产品生产商与供应商的博弈策略、林产品生产商的采购策略。阐述基于 Multi-Agent 林产品供应链管理中的企业核心竞争力培育的思想。

（5）Multi-Agent 林产品供应链管理系统模型构建

应用供应链管理理论和 Multi-Agent 技术构建基于 Multi-Agent 林产品供应链管理系统模型。其中对林产品供应商 Agent、生产商 Agent、销售商 Agent、消费者 Agent、物流商 Agent、银行 Agent 关键要素进行了总结和分析，解决 Multi-Agent 林产品供应链管理系统的动态加载能力组件和 Multi-Agent 之间的通讯机制问题。

（6）基于 Multi-Agent 林产品供应链管理的仿真、成本管理与控制、绩效评价的实现

根据仿真步骤和仿真流程，用进程交互法作为仿真方法，用 Flexsim 仿真软件并结合实际进行实例仿真。用成本管理与控制系统的层次分析方法，解决林产品供应链的成本管理问题，在此基础上构建基于 Multi-Agent 林产品的成本管理与控制的智能化模型。用 ELECTRE-Ⅱ算法解决林产品企业生产制造过程中的物流成本管理与控制方案优选。

基于绩效评价设计的基本原则，构建基于 Multi-Agent 林产品供应链管理系统的绩效评价指标体系及评价办法，进行绩效评价的实证分析，并构建基于 Multi-Agent 林产品供应链管理系统绩效评价智能化模型。

（7）林产品供应链管理的信息化建设方法

基于 Multi-Agent 林产品供应链管理信息特许证、信息化实现原则、主要技术与设备等的基础上，论述其信息化实现的两种方式即同意融资租赁与应用服务商服务方式。描述 XFL 人造板有限公司的林产品供应链信息化实现平台及其特色。

1.4　研究技术路线

通过对资料的收集和整理，分析供应链管理理论和 Agent 技术，对林产品以及林产品供应链管理作出界定。以供应链管理理论和 Multi-Agent 技术构建林产品供应链管理的系统模型，继而建立基于 Multi-Agent 林产品供应链管理的成本模型、仿真模型、绩效模型、绩效评价模型，并对其中的相关内容进行深入研究，最后给出基于 Multi-Agent 林产品的信息化建设方法。

技术关键路线是供应链管理理论与技术、Multi-Agent 技术的综合分析和应用（图 1-1）。

图 1-1　技术路线

Figure 1-1　technical route

2 主要理论基础

供应链及其管理在企业实践中的应用已证明，通过建立供应链并实施有效的供应链管理在现代企业的核心竞争力培育与可持续发展中发挥着越来越重要的作用。正确把握和理解供应链管理理论的实质，能为具体行业在供应链构建及其管理中的有效运用奠定基础。Agent 是计算机人工智能技术发展的产物，Agent 技术与其操作平台 Swarm 技术在具体的供应链建立及其管理中的结合与运用不但能开辟新的应用研究领域，在一定程度上还能使所建的供应链更具有先进性，同时也能进一步提升供应链管理的绩效。Flexsim 仿真软件的应用能为保证供应链正常运行和不断得到优化提供一定的保证。

2.1 供应链管理理论

2.1.1 供应链管理理论的发展

关于供应链管理理论的起源至今没有确切的时间界定，通常有两种观点。一种观点认为：供应链管理理论的研究源起于 20 世纪 80 年代初。当时，欧美经济发达国家的市场需求不饱和，主要呈现需求大于供给。无论是生产商还是供给商、销售商，它们的生存与发展压力相对较小，彼此之间的竞争也不是很剧烈，企业管理研究的重点主要在于企业内部扩张、生产技术的开发与控制、内部管理绩效优化等方面。与此同时，我国国内市场正处于"卖方市场"，生产企业考虑的问题主要是如何组织好企业生产，更好地完成上级管理部门下达的计划生产任务与指标，故而企业管理工作的重点主要是保证企业生产秩序正常，并在一定程度上进行生产技术的自主创新研究。因此，在这一历史时期条件下，国内外企业生产所呈现出的主要特点为：企业管理的重点主要投入在新产品开发与规模扩张方面。但尽管如此，企业新技术与新产品的开发速度比较缓慢，同时企业对市场产品需求变化也知之甚少，对产品供应商以及销售商之间的协作不够重视，企业将参与市场竞争的着眼点主要在产品的竞争、降低成本等方面。20 世纪 90 年代以后，随着科学技术的快速发展，无论是发达国家还是发展中国家，经济发展水平都有了不同程度的提高，市场需求也发生了明显变化，具体来说就是消费者对企业向市场提供的产品有了更高的要求，尤其是对产品个性化方面的要求发展很快，这不但是向生产企业发出的一个生产导向信号，更是企业在市场竞争中能否获得竞争优势的一个新条件，同时也是一个新的挑战和新的机遇。与此同时，企业之间的竞争也随着科学技术的不断推进、发展和企业规模的进一步扩大、产品成本的降低、产品数量的迅速增加、生产资源的稀缺与局限而愈来愈剧烈。随之而来的是企业为了保持和提高产品市场占有率，获得长期的竞争优势都在不遗余力地寻求新的管理方法与模式，以期实现可持续发展目标。很显然，在产品由原料经生产到产品出产再进入消费领域到达消费者的这个物质流中，生产企业在这个"流"中仅是提供半成品、成品的一个制造环节，但这个环节是非常重要的核心环节，如果没有这个环节，原料无法转变成产品，处于其上游的供应企业不可能生存。反过来，生产企业（生产商）的正常营运也必须获得供应企业（供应商）、销售企业（销售商）的支持。事实上，供应商、生产商、销售商之间彼此是分不开的，它们之间存在一种相互依存关系，缺一不可。于是以生产企业为核心的联合其上游供应商、下游销售商的企业间的联盟自然也就成为了企业管理实践中考虑最多的问题之一，是供应链及其管理产生的萌芽。逐渐地，这种思想越来越成熟，进而演化成了初期的供应链管理理论。

另一种观点认为供应链管理思想和理论是由制造企业开始的，制造企业将外部采购得来的原材料和零部件，通过生产转换和销售等活动，把产品传递到零售商和用户，从而构成了一个供需关系，这种关系就是一种简单的供应链关系，只是这种供应链关系最初仅局限于企业的内部操作层，仅注重企业自身利益目标的实现。后来随着市场竞争的进一步加剧，这种供应链关系从企业内部逐渐扩展到企业外部。制造企业不仅注重了供应链的内涵，也注重了供应链的外延，即注意了与其他企业的联系，注意了供应链的外部环境，把供应链看作是一个"通过链中不同企业的制造、组装、分销、零售等过程将原材料转换成产品，再到最终用户的转换过程"。

无论用何种观点说明供应链的起源这并不重要，应该看到的是供应链建立及其管理理论的形成来自于企业的社会客观实践，来自于符合市场变化的客观要求，来自于企业适应顾客需求变化的现实要求。后来许多学者在追踪供应链起源的基础上对供应链及其管理理论的形成和发展做出了卓有成效的工作，不但从供应链及其管理的概念、系统结构、组织模式、运行原则、绩效评价、信息建设的多维角度进行了研究，还进一步将供应链管理理论与具体的生产行业特点结合起来开展了应用研究，把供应链管理理论的研究引向了现实操作，使其更具有现实意义。

2.1.2 供应链及其管理的内涵

目前为止，尽管对供应链还没有形成一个具有权威性的定义，但许多学者从不同的角度对供应链作出了界定，其中具有代表性的主要是：美国学者 F. 哈里森（F. Harrison）的观点，他认为：供应链是执行采购原材料，将它们转换为中间产品和成品，并将成品销售到用户的功能网络。而美国供应链协会从供应链结构体系的角度对供应链进行的界定是：供应链是目前国际上广泛使用的一个术语，它囊括了涉及生产与交付最终产品和服务的一切努力，从供应商的供应商到客户的客户。我国学者马士华教授从原料供应的核心结构出发将供应链定义为：供应链是围绕核心企业，通过对信息流、物流、资金流的控制，从采购原材料开始，到中间产品以及最终产品，最后由销售网络把产品送到消费者手中的将供应商、制造商、分销商、零售商直到最终用户连成一个整体的功能网链结构模式。2001 年我国发布实施的《物流术语》国家标准（GB/T 18354—2001）中对供应链是这样定义的：生产及流通过程中，涉及各产品和服务提供给最终用户活动的上游与下游企业所形成的网络结构。

无论从何种角度对供应链进行定义，都反映出供应链的构成并不着眼于企业内部，更重要的是强调以核心企业为中心的联系上游供应商、下游销售商、直至客户的一种外部联盟关系。由于核心企业在外部联系中必然要涉及多个相关企业，已建立的供应链往往会呈现出程度不一的协调性、整合性、选择性、动态性、交叉性和复杂性等特征。此外，特别需要注意的是不论以何种供应链界定为蓝本构建供应链都应针对并结合核心企业所处的行业特点，只有这样，所建立的供应链才能与实际相符，也才能达到供应链管理的目的。

对于供应链管理的定义，目前也有不同的争论，美国管理学者伊文斯（Evens）认为：供应链管理是通过前馈的信息流和反馈的物料流及信息流，将供应商、制造商、分销商、零售商，直到最终用户连成一个整体的模式。这个定义主要强调供应链管理的静态流程，在现实的供应链管理具体操作上指导性不强。我国的《物流术语》对供应链管理的定义是这样阐述的：利用计算机网络技术全面规划供应链中的商流、物流、信息流、资金流等，并进行组织、协调与控制。这一定义的特点是提出了计算机技术在供应链管理中的重要性，对供应链管理的本质内容没有明确的提出。中国学者马士华教授提出：供应链管理就是使供应链运作达到最优化，以最小成本，令供应链从采购开始，到满足最终顾客的所有过程，包括工作流（work flow）、实物流（physical flow）、资金流（funds flow）和信息流（information flow）等运作高效率地操作，以合适的产品、合适的价格，及时准确地送到消费者手上。

从马士华教授提出的定义中不难发现：首先，提出供应链管理的完整性，说明供应链管理是一种运作、战略、集成的思想和方法；其次，考虑了供应链中所有成员操作的一致性也即供应链链中成员的关系因具有共同的目标而易于协调并一致；再次，指出了供应链管理的目标，即实现运作总成本最小化、客户服务最优化、库存存量最小化、总周期时间最短化、物流质量最优化、产品竞争能力最大化等。笔者认为马士华教授所提出的定义更贴合于实际的供应链运作管理。

从另一个角度来说，到目前为止，对供应链管理虽然还没有公认的定义，但对供应链管理的本质基本形成了相对统一的认识，即：供应链管理是涉及原材料供应商、生产商、销售商、物流商、顾客等多个方面的协调、控制、计划、激励的管理活动。供应链管理的本质目的在于：首先，在满足顾客需求的同时提升顾客满意程度，即提供高质量的产品和服务，按照合适的状态和包装，以准确的数量和合理的成本费用，在恰当的时间和准确的地点送交目标客户。其次，在快捷满足客户需求的基础上获得满意的企业绩效并实现企业期望目标。因此，以提升顾客满意度、提高企业利润、降低企业风险为目标的供应链管理必将促使供应链中处于各节点的所有联盟企业进行不断的适时变革，不断地优化管理技术手段，这样不但能使按理性决策所形成的联盟企业提升了各自的市场竞争能力，还能使企业在竞争压力减小的状态下拓展市场，实现可持续发展。

此外，供应链的起源与发展、供应链的构建和供应链管理的方法与模式是供应链管理研究的主要组成部分，但更重要的是对这些部分的研究必须紧扣供应链及其管理的本质目的，才能有效避免供应链管理理论在具体行业供应链与供应链管理中出现偏差，有的放矢。

2.1.3 供应链与供应链管理的组成结构和主要内容

2.1.3.1 供应链与供应链管理的组成结构

按照供应链的定义内涵，供应链的组成一般应包括以下部分：原料供应商(可以是多级原料供应商)、生产制造商、销售商(可以是多级销售商)、目标顾客。

供应链管理的组成结构包含四个方面的内容，即供应链的结构、供应链的业务流程、供应链管理要素、供应链管理关键要素。四者之间存在着相互联系、相互制约的关系。

供应链结构是供应链管理的基础。供应链的结构性维度状况是确定供应链上节点(与供应链上相关的多级供应商、生产商、销售商等单位)之间的业务流程类型的基本条件。在一般的供应链业务流程中往往考虑八个关键业务模块，具体是：客户关系管理(Customer Relationship Management，CRM)、客户服务管理(Customer Service Management，CSM)、客户需求管理(Customer Demand Management，CDM)、客户订单履行(Customer Order Fulfillment，COF)、制造流程管理(Manufacturing Flow Management，MFM)、采购(procurement)、产品开发和商业化(product development and commercialization)和回收(returns management)。在具体的行业供应链管理应用中，业务流程的确定可根据行业特点有侧重地进行选用，以适合客观实践并使之具有可操作性。

供应链管理要素、供应链管理关键要素是供应链管理组成结构中的支撑部分，分析并确定供应链管理关键要素，是高效运营供应链的核心。供应链管理要素可用组建方式表示，第一，实体和技术管理组件，是在行业中实施供应链管理所考虑的技术支撑条件，它可随技术的发展而不断完善，功能越来越强大；第二，管理和行为管理组件，它承担起了整理供应链结构和集成供应链构成的任务，使得供应链运营效能不断得到提高和优化。

2.1.3.2 供应链管理的主要内容

供应链管理作为一种新的管理理论和方法，人们在对其内容的认识和实践中也有不同的理解。本文采用国际著名咨询公司 ARC 对供应链管理主要内容所做出的描述，它包括六大应用功能：需求管理(预测和协同工具)、供应链计划(多企业合作计划)、生产计划、调度计划、配送计划、运输计划。

由于在认知上对供应链管理所包含的主要内容存在差异，故必然使得供应链管理的运作模式与运作水平也存在差异，具体运营中不同企业实体之间对计划、协作、运作和控制也存在不同。

归纳总结以上不同观点，供应链管理所包含的主要内容表现在以下几个方面：

①供应链结构的构建　供应链结构的构建包括共性内容即供应商、生产商、经销商的选择、管理信息平台的设计的整套组织结构，但行业的不同供应链结构在构建上存在一定差异。

②供应商与采购管理　包括原材料、零配件、半成品的需求预测与管理，营销策略、采购战略等。供应商与采购的一般原则尽量减少供应商的数量和实现多批次、少批量的采

购，但需要结合行业特点采取相应措施。

③生产制造管理 强调企业生产系统之间的协调管理与控制，包括生产计划、生产作业计划和库存控制管理等。库存控制往往在其中有重要的作用，因为它在供应链的成本中占了较大比重。

④集成化信息管理 涉及设计需求预测、计划与管理、生产计划、生产作业计划和追踪管理、协调管理与控制和顾客关系管理等方面的信息化、数字化、电子化和集成化的信息管理。集成信息化的趋势在于信息是别的智能化和信息专递、决策优化的智能化，这一工作也是供应链信息化建设需要加强研究的重点。

⑤集成化物流管理 物流管理贯穿供应链管理全过程，是提高用户水平的重要标志，该内容往往需要独立加以研究。

2.1.4 典型的供应链管理模型

从以上供应链管理主要内容来看，要使供应链管理实现供应链集成的商流、物流、信息流、资金流的畅通与生产服务增值，有必要了解典型的供应链管理模型。

一般而言，典型的供应链管理模型主要有四类，即虚拟供应链管理模型、敏捷供应链管理模型、智能供应链管理模型、集成供应链管理模式。由于虚拟供应链管理模型虽然强调了共享资金、技术、人力资源等，但该模型主要考虑企业内部部门间的合作关系。敏捷供应链主要强调动态联盟的形成和企业快速的重构和调整，它要求通过供应链管理来促进企业间的联合，进而提高企业的敏捷性。鉴于本文所要达到的目标，文中不需要考虑这两种典型的供应链管理模型，故本文重点讨论集成供应链管理模型和智能供应链管理模型。

2.1.4.1 集成供应链管理模型

集成化的供应链管理模式，抛弃传统的管理思想，把企业内部以及节点企业之间的各种业务看作一个整体功能过程，通过信息和现代管理技术，将生产商经营过程中有关的人、技术、经营管理三要素有机地集成并优化运行。对生产经营过程的物料流、管理过程的信息流和决策过程的决策流进行有效的控制和协调，将企业内部的供应链与企业外部的供应链有机地集成起来进行管理，达到全局动态最优目标。根据这一思想而构建的集成化供应链管理模型，对于企业产品设计，构建高效的供应链，实施供应链管理，促进企业适应新的竞争环境，提高整个供应链的竞争能力，具有重要的参考价值。其通用模型可用图2-1表示。集成供应链管理模型的具体化应用还需将供应链集成内容按实际要求细化才能使其具有可操作性。

2.1.4.2 智能供应链管理模型

智能供应链管理模型的核心思想是通过组建全球统一标识的网络系统来实现对供应链核心要素的智能化管理。该网络由 EAN 和 UCC 两大国际标准化组织在联合组建全球物品信息实时共享的产品电子代码(Electronic Product Code，EPC)网络实现。在这个网络中，利用全球统一标识系统编码技术赋予每一单品一个全球共同认同的唯一代码(EPC 产品电子代码)，产品信息和物流信息储存在制造商的物理标记语言(Physical Markup Language，PML)服务器中，采用射频识别技术(RFID)可以非接触地自动识别和高效读取产品的电子代码，然后再通过对象名解析服务(Object Naming Service，ONS)系统在互联网(Internet)

上找到存储该产品文件的 PML 服务器，获取产品的相关信息，从而实现产品信息在全球范围内的传递与共享。

建立该模型对供应链可实现如下管理：

①智能库存管理　基于 EPC 网络的供应链能够对产品的出库、入库及库存数据进行实时监控，然后再利用 EPC 网络发布库存信息，这样库存信息就可以在供应链中实现共享；另一方面可以设定整个供应链共享的库存管理标准，一旦发现产品的库存出现问题，Savant 系统就能自动采取相应的措施。例如，当配送中心的货架上的某个产品的数量降低到供应链预先设定的订购点时，智能系统即能自动向制造商发出订货信息，并向运输商发出运输需求信息等。

②智能采购管理　通过智能系统能够不断收集、存储和处理供应链中的产品信息和物流信息，并与供应链中的其他系统进行交流，实现采购流程自动化。

③智能销售管理　供应链上的所有成员包括客户都能够通过 EPC 网络建立直接的信息沟通与联系机制。零售商的智能系统与电子商务平台实现连接，这样客户就可以通过零售商的电子商务平台提出在产品设计、原材料选择、送货方式以及售后服务等方面的要求，这些要求通过 EPC 网络被直接传送到 PML 服务器中，制造商、零售商、批发商和运输企业的智能系统能够自动获取这些信息，从而为客户量身定制其所需的产品及服务。这样所有供应链成员就能够及时了解客户的需求，并给予快速满足与响应，从而极大地提高供应链的敏捷程度。

④智能客户管理　PML 服务器中不仅完整地保存有产品在生产和流通过程中的信息，而且还保存着产品在使用中应该如何正确养护的信息。这样在适当的时候，EPC 网络可以自动通过 EPC 网络和互联网给客户发送电子邮件，提醒客户做好产品养护。例如购买了木质地板的用户常常不知道应该在什么时候保养，这时候如果生产商能通过 EPC 网络和互联网给客户及时发送相关的产品养护提醒的电子邮件，就可以协助客户提前做好防范工作，从而较大程度地减少损害发生的概率。而且客户在使用过程中所发生的保养等活动的信息也会被记录在 PML 服务器中，从而促进企业进一步强化客户服务管理，提高客户满意率和忠诚度。智能化供应链所涉及的范围和采用的技术手段也将会随着时代的进步在范围上扩大和提高，尤其是 IT 技术手段的进步，会使智能供应链在未来的供应链管理发挥更为极大的作用。

由此可见，智能供应链管理模型在某种程度上实现了供应链智能化管理多种功能要求，但距真正意义上的供应链智能化管理还有差距，例如如何解决供应链中各要素(供应商、生产商、销售商等)自身智能化的自主性、学习性、协同性等要求，还需不断采用新技术渐进化完善。

2.2　Agent 与 Multi-Agent 技术

2.2.1　Agent 的概念

对于"Agent"这个词，至今没有一个公认的翻译语意。目前在人工智能、网络工程、软件工程等研究与实践应用中皆使用该词的英文形态，故本论文仍沿用英文原词"Agent"，不对其进行翻译。

对 Agent 的语意而言，存在不同的解释。如 Hyacinth S. Nwawa 认为：Agent 是一种可以根据用户的利益完成某项任务的软件或硬件实体。智能物理基金会(Foundation for Intelligent Physical Agents，FIPA)则对 Agent 有如下的解释和定义：Agent 是一类嵌入复杂、动态环境内的实体，它可以理解为反映环境事件的"传感器"数据，并通过执行动作影响环境。Agent 可以是硬件或软件，对于硬件 Agent，需要强大的软件支持。而我国学者杨鲲对 Agent 功能研究后提出：Agent 是一类在特定环境下能感知环境，并能自治地运行，代表其设计者或使用者实现一系列目标的计算实体或程序。针对 Agent 的具体实践功能，很多国内外学者认为 Agent 在概念上可进一步划分为弱概念和强概念。Agent 的弱概念包括 Agent 的自制性(autonomy)；社交能力(social ability)；反应性(reactivity)；自发性(pro-activeness)。强概念包括 Agent 的长寿性(longevity)；移动性(mobility)；推理能力(reasoning)；规划能力(planning)；学习能力(study)；真实性(veracity)；善意(benevolence)；理性(rationality)。

2.2.2　Agent 技术的发展

20 世纪 80 年代以后，随着人工智能和信息网络化的进一步完善和发展，Agent 技术的研究主要集中在三个方面：一是分布式人工智能(Distributed Artificial Intelligent，DAI)，研究逻辑上和物理上分散的智能行为者如何协调其智能行为，即协调它们的知识、技能和规划，求解单目标和多目标问题，为设计和建立大型复杂的智能系统和计算机支持系统提供有效途径；二是智能界面，基于 Agent 的界面与一般用户界面有较大的差别，即利用Agent所具有的主动性和自治性主动根据用户的爱好对信息进行检索和过滤，使复杂问题变得透明；三是移动 Agent，Agent 具有可移动性，即具有跨平台持续运行、自我控制移动能力，可以模拟人类行为关系，并能提供一定人类智能服务的程序。

2.2.3　Agent 的结构模型

一般认为 Agent 结构模型由以下部分组成：外部接口、信息收集模块、信息处理模块、推理模块、知识库模块、决策模块、执行模块、通信模块，如图 2-1 所示。在 Agent 的结构模型中，其外部环境通过外部接口将信息传送到信息收据模块，信息处理模块接收到信息收据模块的信息后进行加工处理，将结果传送给推理模块推理后给决策模块做出决策。其中知识库模块存储 Agent 的评价知识并在工作中时时与推理模块、信息处理模块、决策模块进行交互确保评价的正确进行，利用自学习能力不断增加评价知识量。最后通过执行模块和通信模块与其他 Agent 进行交互。

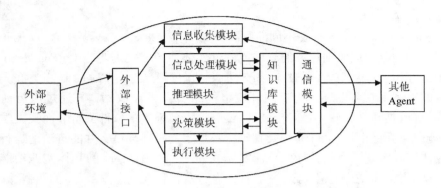

图2-1　Agent 结构模型

Figure 2-1　The model of the construction of Agent

2.2.4　Multi-Agent System 理论模型

从 Agent 应用角度出发，一般分为：（1）慎思 Agent 系统（deliberative agent）。这个系统是一个基于知识认知的系统，具有逻辑推理能力，其内部状态具有主动软件、知识表达、环境表示、问题求解、通信协议等；（2）反应 Agent 系统（reactive agent），它包含感知内外状态的感知器，是一个基于感知器激活的系统；（3）混合式 Agent 系统，包含慎思 Agent系统、反应 Agent 系统，慎思 Agent 系统建立在反应 Agent 系统之上。混合式 Agent 系统能够克服前两个系统功能不太全面、结构不太灵活的缺陷。

本文所采用的 Agent 系统为混合式 Agent 系统。

Multi-Agent 系统一旦建立就使得系统中所有单个 Agent 之间具有信息关系和相互影响控制关系，系统就能通过协调多个 Agent 之间的关系来解决单个 Agent 不能解决的复杂问题。Multi-Agent 系统通过对单个 Agent 的行为预期和彼此间控制关系的确定，为 Agent 的活动提供交互平台。因此，MAS 的结构控制关系可以从两个方面理解，一方面是主从式的结构关系，另外一种是完全自治平等结构关系。这两种控制关系在实际应用中往往共同存在，需要在具体运用中加以选择。从 MAS 实现目标的角度看，MAS 按目标是否具有一致性分为两类：有共同目标系统，单个 Agent 子系统有各自的功能目标，但都服从系统整体目标；无共同目标系统，单个 Agent 系统有各自功能目标，相互之间存在利益冲突。

本文研究的林产品供应链系统是以同一目标确定下协调各方利益为目的的，故采用具有共同目标的 MAS 系统。

2.3　基于 Agent 技术的建模开发平台

Multi-Agent 技术的功能实现和应用离不开开发平台。一方面，通过开发平台可使Agent软件与其他软件有很好的兼容性，如能与仿真软件更好地结合。另一方面，一个好的面向 Agent 的开发工具将会对开发和研究人员的工作产生较大的影响。本文所采用的开发工具是 SFI 公司研制的 Swarm。

Swarm 是分析复杂适应系统建立模型而设计的软件工具。1995 年 SFI 公司发布了

Swarm 的 beta 版，这个版本能提供特定的研究团体中模型组件和数据库的共享，这是智力交换的一个重要形式。此后，大约 30 个用户团体安装了 Swarm 并用它积极地开展建模工作，取得了一定的成效。此后，Swarm 开发平台成为了讨论 Multi-Agent 模拟技术和方法的支撑焦点。

　　Swarm 的建模思想是把每一个个体(包括它的部件和时间表)封装起来。一个"swarm"代表一个个体的集合和它们的行为时间表。Swarm 中的模块化和组件思想允许建立一个灵活的模型系统。Swarm 可以嵌套，可以直接表示多层模拟，而且它们可以被个体用作自身环境的模型。

　　Swarm 工具是基于 Agent 的建模工具，其建模方法是从上向下，先构筑每个实体 Agent，再将这些 Agent 组装起来形成整个系统的模型。在 Swarm 平台上，Swarm 是基本构件，一个 Swarm 就是一个对象，它实现内存的分配和事件的规划。在建模和编程时，可以认为一个 Swarm 就是一个 Agent，这时 Agent 通过规划技术来安排自己的行为(如自治性的行为)；也可以认为一个 Swarm 是某个组织(相当于一个临时的容器)，有多个 Agent 居于其中，这时 Swarm 可用规划技术对这些 Agent 的行为进行规划(如安排它们的执行顺序)等。

3 林产品生产贸易与资源基础状况分析

林产品是现代市场中重要的商品之一，它不但与人们的生活息息相关，也是工业、国防和其他行业所用的重要产品。因此，这也使得林产品经济在我国国民经济的发展中占有举足轻重的地位。

3.1 我国林业产业贡献状况

3.1.1 林业产业产值

表 3-1 林业产业产值表

Table 3-1 The value table of the industry in forestry

单位：亿元

产值 年份	总产值	第一产业	第二产业	第三产业	总产值增产 比例/%
2017	71 267.1	23 365.5	33 952.7	13 948.9	—
2016	64 886	21 619.4	32 080.7	11 185.9	9.8%
2015	59 362.7	20 207.3	29 893.3	9262.1	9.3%
2014	54 032.9	18 559.5	28 088	7385.4	9.9%
2013	47 315.5	16 373.8	24 976.2	5965.5	14.2%

从表 3-1 中可以看出：

第一，我国林业产业总产值的收益状况良好并在一定程度上表明了林产品生产所带来的经济收益是国民经济的重要组成，是不可忽视的一个重要方面。例如，2017 年林业产业总产值 71 267.1 亿元，比 2013 年增加 50.62%。

第二，2013—2017 年林业产业总产值保持较高的增长势头。五年来，林业产业中的第一、第二、第三产业的产值增长相对稳定，彼此间的增长差异化程度不大。2016 年林业产业发展中三产结构的比例为：10∶14.84∶5.17；2017 年为 10∶14.53∶5.97。由此可见，林业产业结构中的第一、第二、第三产业呈现稳步发展状态。

3.1.2 林业产业产值贡献

据 FAO(联合国粮农组织)统计,全球总产值中,林业产业所占比例为 7%,我国的为 7.84%;在林业总产值中,发达国家林业第二、第三产业产值所占比例一般超过 70%,多的已达到 90% 以上。2012 年,我国林业产业第一产业产值 39 450.91 亿元,占林业总产值的 60.55%;第二产业产值 20 898.30 亿元,占 32.08%;第三产业产值 4804.09 亿元,占 7.37%(中国林业统计年鉴 2012)。2017 年,我国林业产业第一产业产值 23 365.47 亿元,占林业总产值的 32.79%;第二产业产值 33 952.7 亿元,占 47.64%;第三产业产值 13 948.9 亿元,占 19.57%(2017 中国林业统计年鉴)。

以上数据可以表明,在我国的林业产业中,第一产业种植业已经不再处于领先地位,第二产业已经占林业产业近一半的产值。这固然与我国的森林资源状况、国情有关,同时第三产业产值占比也有大幅的提升,也说明了林产工业与服务业处于国民经济发展格局中的中等水平,正逐步赶上发达国家林业第二、第三产业产值所占比例。

3.2 我国林产品产量与产值状况

3.2.1 林产品产量

2017 年全国木材产量达到 8398.17 万 m^3,比 2012 年增长 2.73%;锯材产量达 8602.37 万 m^3,同比增长 54.5%;竹材产量 272 013 万根,同比增长 65.4%;人造板产量 29 485.87 万 m^3,同比 2012 年增长 32%;木竹地板产量 82 568.31 万 m^2,同比 2012 年增长 36.6%。总的来说,近十年我国主要林产品生产中,竹材年均增长 8.98%,人造板年均增长 14.21%,木地板年均增长 9.7%。

3.2.2 林产品产值

2017 年全国人造板生产业总产量 29 485.87 万 m^3,胶合板产量 17 195.21 万 m^3,纤维板产量 6297.00 万 m^3,刨花板产量 2777.77 万 m^3,其他人造板产量 3215.89 万 m^3;木、竹藤家具制造业产值达到 6317.88 亿元;木、竹、苇浆制造产值 701.8 亿元,造纸业产值 3153.54 亿元,纸制品制造业产值 2323.98 亿元。2014 年,木材加工制造产值已达 2111.10 亿元,人造板制造产值已达 5883.61 亿元,木制品制造产值已达 2258.42 亿元;2015 年,木材加工制造产值已达 2366.12 亿元,人造板制造产值已达 6484.02 亿元,木制品制造产值已达 2377.43 亿元;2016 年,木材加工制造产值已达 2321.24 亿元,人造板制造产值已达 6616.58 亿元,木制品制造产值已达 2892.47 亿元(2017 年中国林业统计年鉴)。

由以上数据可知,我国林产品生产量正在逐年增长,林产品总产值对国民经济的贡献也正逐年增长。

3.3 林产品贸易状况

3.3.1 全球林产品贸易总况

全球林产品贸易市场是一个巨大市场。2014 年全球林产品进出口贸易总额为 5248.22 亿美元(进口贸易额为 2443.04 亿美元,占 51.21%),比 2012 年增加了 477.70 亿美元。2016 年,全球林产品贸易总额为 4641.82 亿美元,其中进口贸易额达到 2369.86 亿美元。近几年的数据显示,全球林产品贸易市场年均进口额为 51.05%(FAO,2016)。

从全球区域来看,北美洲和欧洲地区的经济较为发达,森林资源的储备较其他地区丰富,林产品贸易非常活跃。由表 3-2 可以看出,2015 年,欧洲与北美洲占据世界林产品进口总额的约 78%,出口总额占 68%,所以说欧洲是世界林产品出口贸易的主要市场;北美洲和亚洲分别位列其后,成为林产品贸易发展比较迅速的区域。表 3-2 中数据显示,2015 年亚洲林产品进口总额占世界总额的 39% 以上,出口总额占 18.74%;南美洲、大洋洲和非洲虽然森林资源也较为丰富,但由于整体经济发展不及欧洲、亚洲、北美洲,所以林产品贸易并不发达。

从林产品贸易的国家排名来看(表 3-2),林产品贸易主要集中在中国、美国、德国、加拿大和瑞典。美国是世界第一大林产品出口,约占据世界林产品出口总额的 11%,中国位列第四;中国是世界第一大进口大国,约占据世界林产品进口总额的 18%;所以从世界林产品贸易总额来看,中国也是世界林产品贸易第一大国(表 3-3)。

表 3-2 2015 年全球各大洲林产品贸易额及排名

Table 3-2　Trade quantity and sequence of forest production in the world in 2015

单位:亿美元

地区	进口额	比例/%	位次	地区	出口额	比例/%	位次
全球	2361.39	100		全球	2256.53	100	
亚洲	926.18	39.22	1	欧洲	1075.15	47.62	1
欧洲	912.09	38.63	2	北美洲	469.72	20.82	2
北美洲	284.96	12.07	3	亚洲	422.89	18.74	3
南美洲	125.33	5.31	4	南美洲	169.49	7.51	4
非洲	87.91	3.72	5	大洋洲	65.22	2.89	5
大洋洲	24.92	1.06	6	非洲	54.06	2.40	6

表 3-3 2015 年全球各国林产品贸易额及排名

Table 3-3　Trade quantity and sequence of forest production in the nation in 2015

单位:亿美元

地区	进口额	比例/%	位次	地区	出口额	比例/%	位次
全球	2361.39	100		全球	2256.53	100	
中国	424.52	17.98	1	美国	251.01	11.12	1

（续）

地区	进口额	比例/%	位次	地区	出口额	比例/%	位次
美国	236.62	10.02	2	加拿大	218.71	9.69	2
德国	167.28	7.08	3	德国	174.11	7.71	3
英国	114.93	4.87	4	中国	151.79	6.73	4
日本	105.50	4.47	5	瑞典	132.64	5.88	5

3.3.2 中国林产品贸易总况

从总体上来说，2007 年至 2016 年，中国林产品进口额从 323.6 亿美元上升到 624.3 亿美元，进口额增长 93.02%；出口额则从 2007 年的 319.3 亿美元增加到 726.8 亿美元，出口额增长 127.62%（2017 中国林业统计年鉴）。

到 2014 年，我国林产品进出口贸易额已超过 1390 亿美元，其中出口贸易额 714 亿美元；进口贸易额 676 亿美元。2015 年达 1378.6 亿美元，其中出口额 742.6 亿美元，比 2010 年增长 160%；进口额 636 亿美元，比 2010 年增长 134%。2016 年，中国主要林产品进出口贸易额达 1351 亿美元，比 2015 年减少了 2%。其中，出口额 726.8 亿美元，同比减少了 2.1%；进口额 624.2 亿美元，同比减少了 1.9%（2017 中国林业统计年鉴）。

3.3.3 世界主要林产品贸易状况

工业原木贸易。由图 3-1 可知，2011 年世界工业原木出口为 183.89 亿美元，2011 年为 183.89 亿美元，2015 年为 172.16 亿美元。由此可以看出，世界工业原木出口额减少趋势，2015 年与 2011 年相比，减少 6.37%，在世界林产品出口贸易总额中占据较低的位置。

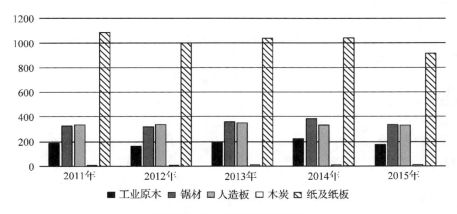

资料来源：联合国粮农组织数据库

图 3-1 2011—2015 年世界林产品出口贸易额变化

Figure 3-1　The change of export quantity of forest product during2011-2015 in the world

锯材与木浆贸易。2011 年至 2015 年之间，世界锯材与木浆出口年均分别增长 1.58% 和 −1.84%，呈现变化缓慢的特点。

纸及纸板贸易。2011 年纸及纸板贸易总值 2210.29 亿美元，到 2015 年增长到 1825.89 亿美元，年增长约 -4.41%。

人造板贸易。世界人造板出口保持了较快的增长势头，由 2011 年的 654.16 亿美元增长到 2015 年的 666.33 亿美元，年均增长 0.64%。

3.3.4 我国主要林产品贸易状况

近十年来，我国在林产品进出口贸易中，以原木、锯材的林产品的贸易额占有较大比重，且份额持续增长。2017 年，原木进口 5539.83 万 m^3，锯材进口 3740.21 万 m^3。2008 年，进口胶合板约 29.39 万 m^3，而到 2017 年，其进口量下降到 18.55 万 m^3。从出口来看，原材料类林产品逐渐呈现增长趋势。2008 年，原木出口 2825m^3，到 2017 年出口 92 491m^3。(2018 年中国林业统计年鉴)。

2016 年，我国在林产品生产制造和贸易方面发展极为迅速，工业原木——未加工木材(针叶)的主要进口国为新西兰；工业用热带原木——未加工木材(非针叶)的主要进口国为巴布亚新几内亚；工业用其他原木——未加工木材(非针叶)的主要进口国为俄罗斯；木片和碎料的主要进口国是越南；锯材(针叶)的主要进口国是俄罗斯；锯材(非针叶)的主要进口国是美国；单板的主要进口国是越南，主要出口国是印度；胶合板的主要进口国是印度尼西亚，主要出口国是美国；纤维板的主要进口国是德国和新西兰，主要出口国是美国、沙特阿拉伯和伊朗；木浆的主要进口国是巴西、加拿大和美国；新闻纸的主要进口国是韩国；除新闻纸以外的纸和纸版的主要进口国是美国和加拿大，主要出口国是马来西亚、越南和印度(FAO，森林产品 2016)。

2017 年，原木、锯材、木浆的进口量分别达 5540 万 m^3(万 t)、3740 万 m^3(万 t)、2365 万 m^3(万 t)，分别是 2008 年的 1.87、5.21、24.99 倍；出口的木家具和胶合板分别达到 36 721 万件和 1084 万 m^3，均是 2008 年的 1.51 倍；纤维板、刨花板、单板的出口数量虽少，但增幅也可观，2017 年分别达到 269 万 m^3、31 万 m^3、34 万 m^3，分别是 2008 年的 1.13、1.58、2.29 倍。到 2017 年，我国进口胶合板、纤维板和刨花板共计 150.9 万 m^3，同期出口胶合板、纤维板和刨花板共计 1382.9 万 m^3。

由以上我国林产品进出口贸易额、贸易量的相关数据来看，国际、国内市场对林产品的需求正逐渐扩大，故而使得林业产业无论是经济价值的增长和进出口贸易规模的扩大都达到了一定的高度和水平。2017 年，中国已成为最大的工业原木进口国，占全球进口量比例的 43%，也成为最大的锯材进口国，占全球进口量比例的 26%，同样，中国还是纸浆和回收纸及纸板的最大进口国，占全球进口比例分别是 37% 和 46%；在出口方面，中国在单板、纸和纸板的出口量占全球出口比例的 7% 和 6%，位列第四和第五，中国在人造板的出口量同样是位居全球第一的，占比 16%(FAOSTAT-林业数据库)。所以，以木材为原材料的林产品生产产业能否健康发展是值得研究的一个问题，这将对提高我国林业产业在国际贸易中的持续竞争力有促进作用。

3.4 林产品的生产与消费状况

本文将以原木生产和消费、人造板的生产和消费等几个方面来说明世界林产品的生产与消费状况。

3.4.1 世界工业原木生产量和消费量状况

3.4.1.1 生产量

据 2017 年中国林业统计年鉴表明，2014 年全球工业原木的总产量达到 370 036.8 万 m³，其中美国的产量是 39 869.3 万 m³，加拿大的产量是 15 425.9 万 m³，俄罗斯的产量是 20 300 万 m³，印度的产量是 35 669 万 m³，巴西的产量是 26 765.3 万 m³，这五个国家的总产量为 138 029.5 万 m³，占世界总产量的 37.3%。根据《粮农组织林产品年鉴 2015》，2011—2015 年世界工业原木生产量及年增长率见表 3-4。

表 3-4　世界工业原木生产量及年增长率

Table 3-4　Proportion and production of logs in the world during 2011—2015

产量/亿 m³　年份	工业原木	原木	当年对上年的增长率/%
2015	18.48	37.14	—
2014	18.18	36.80	1.62
2013	17.95	36.52	1.27
2012	17.66	36.14	1.61
2011	17.69	36.09	−0.17

3.4.1.2 消费量

根据《粮食组织林产品年鉴 2015》，2011 年至 2015 年世界工业原木消费量及增长率，如表 3-5 所示。

表 3-5　2011—2015 年世界工业原木消费量及增长率

Table 3-5　Proportion and consumption of logs in the world during 2011—2015

消费量/亿 m³　年份	工业原木	原木	当年对上年的增长率/%
2015	18.49	37.11	—
2014	18.19	36.78	1.65
2013	17.95	36.50	1.34
2012	17.69	36.14	1.47
2011	17.72	36.09	−0.17

2016 年世界工业原木总消费 373 697.7 万 m³，按消费量从高到低排列为美国、印度、巴西、俄罗斯、加拿大、印度尼西亚(中国未计入)，这六个国家的总消费量为 148 327.2 万 m³，约占全世界总消费量的 40%。根据联合国粮食及农业组织相关数据显示，2017 年世界各国工业原木消费量从高到低排列为美国(18%)、中国(11%)、俄罗斯(9%)、加拿大(8%)、巴西(8%)和瑞典(4%)。

纵观世界范围，原木生产和消费基本持平，但由于各国政府采取各种措施实行对天然林的保护，天然林的采伐和出口受到限制，使世界原木生产的结构发生了较大的变化。人工林的产量在原木的比重虽然将有较大的增长，但其增长速度难以适应消费增长的需求。再有对人造板的消费需求已超过人造板生产的产量，这势必形成各国木材加工企业即林产品生产企业在原材料市场中对木材原料的争夺。

3.4.2　世界人造板的生产量和消费量状况

2016 年世界人造板总产量达 41 560.2 万 m^3，比 2014 年的 38 763.9 万 m^3 增长了 7.21%。联合国粮食及农业组织相关数据显示，2017 年世界各国人造板消费量从高到低排列为中国(48%)、美国(12%)、德国(3%)、俄罗斯(3%)和波兰(3%)。2016 年，除了中国以外，人造板的五个主要生产国为美国 3402.9 万 m^3、俄罗斯 1312.1 万 m^3、加拿大 1235.8 万 m^3、德国 1226.6 万 m^3、巴西 1184.1 万 m^3。五国产量共计 8361.5 万 m^3，占世界总产量的 21.57%。除中国之外的五个主要消费国的国家和消费量分别为美国 4135.2 万 m^3、俄罗斯 1202.6 万 m^3、德国 1167.2 万 m^3、日本 979.9 万 m^3、巴西 977.6 万 m^3，五国消费量总计为 8462.5 万 m^3，占世界总销量的 22.11%。根据联合国粮食及农业组织相关数据显示，2017 年世界各国人造板生产量从高到低排列为中国(50%)、美国(9%)、俄罗斯(4%)、德国(3%)、加拿大(3%)、波兰(3%)和巴西(3%)。

目前，世界各国为了减少本国原木的消耗，原木、锯材类初级林产品的出口越来越受到限制，而具有高附加值的林产品如人造板、纸及纸板的出口量则逐渐增多，尤其是在经济发达国家，这个趋势非常明显，例如美国在 2012—2016 年期间，人造板进出口值和进出口量均增幅超过 30%(FAO，森林产品)(表3-6)。

表3-6　2011—2015 年世界人造板产量、消费量及年增长率

Table 3-6　Proportion, production and consumption of man-made boards in the world during 2011—2015

年份 \ 产量(消费量)/万 m^3	产量	当年对上年的增长率/%	消费量	当年对上年的增长率/%
2011	31 715.7	—	31 482.6	—
2012	33 466.6	5.52	33 100.2	5.14
2013	36 725.3	9.74	36 279.5	9.61
2014	38 763.9	5.62	38 136.9	5.12
2015	39 936.8	2.95	39 319.6	3.10

3.4.3　我国原木生产量和消费量状况

3.4.3.1　生产量

2015 年，我国原木产量 3.40 亿 m^3，工业原木 1.67 亿 m^3，而 2011 年则为 3.46m^3，工业原木 1.61 亿 m^3，相对增加了 -1.7%、3.7%，见表3-7。

由表3-7 所显示的数据可知，我国原木的生产量与年增长率正逐年降低，主要原因与实施天然林保护工程和维护生态环境的举措有关，另一个原因是我国过成熟林蓄积量程逐年下降趋势，优质大径材资源缺乏，这使木材产量受到限制，进一步造成市场供应不足，一定程度上需要通过进口来弥补，而国际市场的原材料供应也会因经济、政治等因素的影

响而受到各种条件的限制。

表 3-7　2011—2015 年我国工业原木的生产量及年增长率

Table 3-7　Proportion and productions of logs in China during 2011—2015

产量/万 m³　　年份	工业原木	原木	当年对上年的增长率/%
2011	16 092.8	34 635.9	—
2012	15 956.4	34 166.6	−0.85
2013	16 868.5	34 752.4	5.72
2014	16 249.9	33 812.5	−3.67
2015	16 720.3	33 968.3	2.89

3.4.3.2　消费量

2012—2015 年我国工业原木和原木的消耗量与往年相比较为稳定，如表 3-8 所示。

表 3-8　2011—2015 我国工业原木和原木的消费量以及年增长率

Table 3-8　Proportion and consumption of logs in China during 2011—2015

消费量/万 m³　　年份	工业原木	原木	当年对上年的增长率/%
2011	20 418.7	38 962.2	—
2012	19 820.7	38 031.2	−2.39
2013	21 447.5	39 332.3	3.42
2014	21 472.5	39 036.1	−0.75
2015	21 232.1	38 481.0	−1.42

由表 3-8 所显示的数据可知，我国原木的消费量总体上显稳定趋势，主要是因为受到建筑、房屋装修装饰、家具生产、造纸等行业的影响。近几年的资料显示，我国每年原木需求缺口大约在 500 万 m³ 左右，而且这个缺口在很大程度上，将会导致原木进口量增大。由此可见，未来的林产品生产量和消费量将会进一步增大，同时也可能会使林产品产需矛盾进一步突出。

3.4.4　我国人造板的生产量和消费量状况

人造板包括胶合板、刨花板、纤维板和其他人造板。我国近年来人造板的产量有所增加，2017 年产量为 29 485.9 万 m³，2015 年产量为 20 066.5 万 m³，较 2014 年的 19 122.5 万 m³ 增加了 4.94%，比 2011 年增长了 49.74%。2015 年我国人造板产量位居世界第一位。我国 2011—2015 年人造板的产量和消费量，见表 3-9。

表 3-9   2011—2015 年我国人造板产量、消费和增长率
Table 3-9   Proportion, production and consumption of man-made boards in China during 2011—2015

年份 ＼ 产量(消费量)/万 m³	产量	当年对上年的增长率/%	消费量	当年对上年的增长率/%
2011	13 400.6	—	12 368.4	—
2012	14 927.5	11.39	13 786.6	11.47
2013	17 704.3	18.60	16 627.2	20.60
2014	19 122.5	8.01	17 933.7	7.86
2015	20 066.5	4.94	18 937.3	5.60

目前由于我国实施天然林保护工程，人造板生产原料主要源自于 1949 年以后培植的已成熟、近成熟人工林。从上表所显示的数据来看，虽然我国人造板生产产量逐年增长，但是长幅度整体逐渐变小，且其消费量也在逐年增大，基本能够满足国内市场对人造板产量的需求，消费量增长幅度比生产产量的增长幅度略大，基本能够满足国内人造板的需要。由此，可以得出这样的结论：我国国内的人造板生产量和消费量还有一定的增长空间。

3.5   我国林产品生产的资源基础状况

3.5.1   森林总面积与总蓄积量

根据第八次全国森林资源清查结果，我国拥有的森林面积达 2.08 亿 hm²，活立木总蓄积量 164.33 亿 m³，森林蓄积量 151.37 亿 m³，人工林面积 6933.38 万 hm²，森林覆盖率为 21.63%，比新中国成立初期的 8.6% 增加了超过 13 个百分点。从森林面积来看，我国居俄罗斯、巴西、加拿大、美国之后，列世界第五位；从森林蓄积量来看，列世界第六位；从人工林面积来看，列世界第一位。

3.5.2   森林种类面积

按林种划分，我国 2017 年乔木林面积 7862.58 万 hm²，防护林面积 5474.63 万 hm²，经济林面积 2139.00 万 hm²，薪炭林面积 303.44 万 hm²，特种用途林面积 638.02 万 hm²。从人工林的林种结构来看，乔木林 4707 万 hm²，占 68%；经济林 1985 万 hm²，占 29%；竹林 241 万 hm²，占 3%。

3.5.3   森林林地权属面积

按林地权属划分，我国 2017 年国有林面积 7147.69 万 hm²，集体和个人所有的国家级公益林面积 2093.89 万 hm²，集体和个人所有的地方公益林面积 2288.69 万 hm²（2017 年中国林业统计年鉴）。

3.5.4   森林林木权属面积

按林木权属划分，2017 年全国有天然林面积 12 184.12 万 hm²，占有林地面积的

38.98%；天然林蓄积量 122.95 亿 m³，占全国森林蓄积量的 81.23%。全国有人工林面积 6933.38 万 hm²，占有林地面积的 22.18%；人工林蓄积量 24.83 亿 m³，占全国森林蓄积量的 16.40%。

3.5.5 森林人均面积与蓄积量

根据我国第八次森林资源清查数据，我国现有林地面积 3.13 亿 hm²，活立木蓄积量 164.3 亿 m³。人均森林面积仅为世界人均的 1/4；人均森林蓄积量只有世界人均水平的 1/7。传统林区的可采资源趋于枯竭，进口依存度不断增大，资源短缺已成为制约我国林产工业发展的瓶颈。

3.5.6 森林资源地域分布状况

我国森林资源的分布状况与自然地理条件与长期的历史发展有着密切的关系。据有关资料显示，目前我国约 50% 的森林资源主要集中分布于两大林区：东北林区、西南林区。这说明了森林资源在地域分布上有较为明显的不均衡性。另外，由于全国各地地形地貌、气候、海拔高度、地质土壤条件等都对森林资源的形成与生物多样性有较大影响，所以我国的森林类型多种多样，可为林产品生产提供原料的森林资源种类较多，可选择余地较大。

下面以云南省为例简要说明林产品生产的商品林可采资源状况（表3-10）。

云南省土地面积有 57 396.6 万亩①，地貌以山地和高原为主，山地约占 84%，高原、丘陵约占 10%。平均海拔 2000m 左右，最高海拔 6740m，最低海拔 76.4m，高差约 6664m。全省林业用地 36 371.4 万亩，占土地总面积的 63.4%。林业用地面积中：2017 年有林地面积 2501.04 万亩，占林业用地面积的 61.9%；疏林地面积 1194.9 万亩，占 3.3%；灌木 6125.4 万亩，占 16.9%；未成林造林地 194.4 万亩，占 0.5%；苗圃地 7.2 万亩，无林地 6327.15 万亩，占 17.4%。林地多集中在山区。2017 年全省活立木总蓄积量 18.75 亿 m³。其中：林分蓄积量 14.0 亿 m³，疏林 0.23 亿 m³，散生木 1.04 亿 m³，四旁树 0.22 亿 m³。林分每亩平均蓄积量 6.9 m³，单产不高，且多为中、幼龄林。

表 3-10 云南省商品林分布表

Table 3-10 The table of distribution of commodity forest

单位：hm²

权属	林业用地	有林地				疏林地	灌木林地	未成林造林地	无林地
		合计	林分面积	经济林	竹林				
合计	18 112.9	11 788.52	9679.04	2044.2	65.27	582.66	2623.22	96.77	3018.92
滇南区	11 009.04	7360.43	5970.1	1338.6	51.73	320.55	1219.75	63.27	2045.04
滇南Ⅰ片	8319.04	5662.74	4805.83	813.15	43.76	238.27	796.92	46.29	1574.81
红河	1259.56	626.48	440.36	180	6.12	21.41	217.12	6.12	388.42
普洱	3527.25	2723.59	2447.2	265.95	10.44	83.51	177.46	20.88	521.82

---

① 1 亩 = 1/15hm²。

（续）

权属	林业用地	有林地				疏林地	灌木林地	未成林造林地	无林地
		合计	林分面积	经济林	竹林				
保山	1412.37	957.59	871.19	86.4		32.88	164.42	5.48	251.99
德宏	672.35	455.53	379.36	72	4.17	8.34	58.38		150.11
临沧	1447.51	899.55	667.72	208.8	23.03	92.13	179.55	13.82	262.46
滇南Ⅱ片	1062.56	876.55	544.73	323.85	7.97	18.61	23.92		143.48
西双版纳	1062.56	876.55	544.73	323.85	7.97	18.61	23.92		143.48
滇南Ⅲ片	1627.44	821.14	619.54	201.6		63.67	398.91	16.98	326.75
文山	1627.44	821.14	619.54	201.6		63.67	398.91	16.98	326.75
滇中区	4714.06	3004.71	2524.32	475.2	5.18	170.33	897.19	30.72	608.31
滇中Ⅰ片	2660.38	1721.17	1519.57	201.6		116.69	499.73	11.77	311.01
楚雄	1632.31	1016.98	930.58	86.4		75.91	354.79	7.24	177.39
大理	1028.07	704.19	588.99	115.2		40.78	144.95	4.53	133.62
滇中Ⅱ片	2053.68	1283.53	1004.75	273.6	5.18	53.64	397.46	18.94	297.29
昆明	579.89	364.83	220.83	144		13.45	92.16	5.76	103.69
曲靖	849.89	509.88	452.28	57.6		16.87	193.9	2.81	123.63
玉溪	623.9	408.83	331.65	72	5.18	23.33	111.4	10.37	69.98
滇西北	1734.38	1082.61	967.41	115.2		86.22	347.56		217.99
丽江	1022.03	616.29	573.09	43.2		74.08	222.16		109.5
怒江	435.54	284.41	241.21	43.2		9.75	53.63		87.75
迪庆	276.81	181.91	153.11	28.8		2.39	71.77		20.74
滇东北	655.42	340.77	217.21	115.2	8.36	5.57	158.72	2.79	147.58
昭通	655.42	340.77	217.21	115.2	8.36	5.57	158.72	2.79	147.58

资料来源：2016 年云南省林业产业规划。

云南省主要有冷杉、云杉、铁杉、柏木、落叶松等高山针叶树种，全省有 16 066 万 m³，集中分布在迪庆 10 878.9 万 m³；怒江 124 466.7 万 m³；丽江 712.6 万 m³，多属天然林保护工程区公益林。云南松 19 382.8 万 m³，多分布于滇中，楚雄 2743.9 万 m³，大理 2439.4 万 m³，怒江 2032.5 万 m³，丽江 3870.1 万 m³，迪庆 1492 万 m³，临沧 1059.4 万 m³，保山 1150.9 万 m³，其他地州有少量分布。商品林蓄积量近 1 亿 m³。思茅松 5556.6 万 m³，集中分布于普洱市有 5380 万 m³，临沧、西双版纳、红河有少量分布。商品林蓄积量近 5000 万 m³。栎类 24 586.2 万 m³，其他硬阔 766.2 万 m³，其他阔叶林 17 581.5 万 m³ 等，相对集中分布于西双版纳、普洱、德宏、临沧一带。约 50% 的蓄积量为商品林蓄积量。各区域林产品资源地划分如表 3-10 所示。

从表 3-10 中反映出林产品资源地产量和树种在云南省内其分布是不均匀的，但具有的共同特点是这些资源地多数分布在距城市较远的边远山区，而林产品生产商为满足生产不同林产品需要从不同地区采购不同的树种，由于资源地的分散性给林产品生产的原材料供应、生产、销售中的运输、仓储、信息传递等带来诸多困难。

3.6 结论

综合以上五个方面的论述与分析可得出以下结论：

第一，森林资源是支撑林产工业发展的重要保证。从以上数据来看，虽然我国森林面积、蓄积量列世界前五、六位，人工林面积列世界第一位，但人均森林面积仅为世界人均的 1/4；人均森林蓄积量仅为世界人均的 1/7，且森林可采资源有枯竭的趋势，因此，我国林产工业发展的资源基础支撑能力较弱。目前，虽然现有的森林可采资源也为林产品生产的发展提供了一定的基础保障，但在某种程度上可以说难以完全满足国内林产品生产的需要，进口依存度不断增大。另一方面，从反向思维的角度出发，在森林可采资源提供有限的条件下，通过寻求新的高绩效的林产品生产的管理与技术思路，对提高林产品生产的经济价值以及资源的有效利用具有重要意义。

第二，林业产业总产值总体上在不断增长，对国民经济的贡献也在不断地增加，林业产业经济的发展应受到应有的关注和重视。在林业产业总产值中的第一、第二、第三产业结构比例中，第二产业的产值增长幅度较大，这说明林业产业在第二产业即林业产业工业化的发展程度较高，在国民经济发展格局中处于主导地位。

第三，林产品生产的发展对林木资源消耗是非常大的，但我国的人均森林面积和人均森林蓄积量不高，资源基础支撑能力是薄弱的。我国实施天然林保护工程以来，禁伐天然林，这是国家生态环境可持续发展的根本需要，不可动摇，但同时也使得木材原材料产量下降。目前，人工商品林的发展虽然在一定程度上可以弥补天然林原木产量的不足，但由于 1949 年以来至 20 世纪 80 年代中期的大幅度采伐，大直径的优良林木越来越少，优质木质原材料供给减少，其产量十分有限，其结果是林产品生产发展中资源供应不充沛，资源尤其是优质原木资源的获取难度增加，进而在某种程度上加大了林产品生产企业的发展局限。不过这种局限的增大反倒从创新角度愈发说明了改革传统的林产品生产企业的技术与管理水平是非常具有必要和现实意义的。

第四，由于世界经济一体化的快速发展，世界各国对林产品需求量有逐年增长的趋势，这势必造成林产品资源供给量与需求量之间的矛盾进一步扩大。以上资料显示，近年来我国主要林产品的产量和贸易量大幅增长，可以说我国正逐渐成长为世界林产工业大国，但与世界林产工业发达国家相比，我国的林产品生产企业的生产与管理水平仍有差距，而且还因资源基础支撑能力弱，国内的林产品生产商不仅仅要在国内市场寻求资源，不足部分还需要从国外配置，这就使林产品生产企业必需的原材料资源的获取从国内市场延伸到了国外市场，既增加了原材料资源获取的复杂性，同时也使林产品生产的产业链变得更长，参与市场竞争与运营的范围更大。这就意味着我国林产品生产企业的管理需要提升到更高的水平层次上，所以，本书对林产品供应链的建立及其管理也显得非常有现实研究意义。

第五，目前，我国人均国内生产总值约 1100 美元，对于一个地域宽广，人口众多的国家来说，我国人民的生活水平相比中华人民共和国成立初期已有相当大的变化。进入 21世纪以来，我国社会发展的总目标之一是"全面建设小康社会"，在这一个阶段人们的消费重点将逐步转移到住和行，人均以木材为主要原料的林产品的消费水平将会有较大提高，以上表述的资料数据也说明了这一点，这就需要以木材加工为主的林业第二产业有一个较大的发展。

第六，虽然我国主要林产品的产量已进入世界前列，但木材人均消费仅为 $0.12m^3$，美国、俄罗斯人均消费木材在 $1m^3$ 以上，瑞典为 $6m^3$，我国的人均消费量不足世界平均水平 $0.68m^3$ 的 $1/5$；纸及纸板人均消费 45kg，是世界平均水平的 80%；人造板人均消费 $0.5m^3$，是世界平均水平的 76%。这充分说明随着我国经济的进一步发展，林产品消费也将快速增长，这不但能为林业第二产业的发展注入新的动力，同时也说明了林产品发展的市场空间范围宽广，潜力巨大。

第七，2017 年我国的林产品进口额达到 749.84 亿美元，相当于我国国内拥有 1600 亿元人民币的市场空间。而且在国际、国内各种林产品的生产、进出口贸易中以木材为基础原材料经过加工制造所产生的林产品所创造出的经济价值占有较大的经济份额，在国际社会中的消费量也是最大的，而且无论是生产与消费都有稳步提高的趋势。另外，以上内容所表述的其他数据也说明了这一点。为此，如果我国的林产品生产企业，尤其是以木材为原料的生产企业能够通过改革生产技术与管理水平，提高企业素质，以优质、优价的国内产品替代进口产品，将能促使林产工业有极大发展，并在经济上增大林业产业所占的国民经济的比重。

第八，按照李斯特的比较优势理论，一个国家具有比较优势的产业将获得较快的发展机会，在国民经济的构成中往往占有较大的份额。从更大的世界经济格局来讲，如果一个国家的经济发展稳定强健，一般来说，原因之一便是产业格局科学合理。虽然目前我国的林产品加工制造业并不是一个已具有显著比较优势的产业，在国家产业格局中也算不上一个举足轻重的产业，但作为一个产品紧贴民生、用途广泛的产业来说，大力发展这个产业还是具有一定条件的，比如说林产工业既有劳动密集型的亚产业，也有资本、资金密集型的亚产业。人造板生产、家具生产、药材生产与加工、野生菌类加工等多属劳动密集型行业，中小企业居多，不但可以吸纳大量的劳动力，减缓社会压力，而且在我国劳动力相比其他许多国家劳动力便宜的情况下无疑易于获得价格上的优势，当然这不能是以牺牲环境、企业职工福利等为代价的恶性价格优势。近几年我国林产品出口量大幅度增长就充分验证了这一点，这也就是说，我国的林产工业是能够制造出具有价格优势的优质出口林产品来的。从另一角度来说，只要我国林产品生产企业获得了可持续的比较竞争优势，那么这个产业在国内乃至国际市场的经济竞争格局将会获得越来越重要的地位。

第九，从人类生产与生活的角度来讲，需求的存在必然带来生产。从上述主要林产品消费量逐渐增长的数据来看，正是由于国计民生中对林产品存在着逐渐增长的需求，故而使得扩大林产品生产量势在必行，同时也是林产工业获得发展的一个难得机遇。但从另一个角度来说，随着科学技术的进步以及人类对环境保护认识的进一步加深，各国对资源的可持续发展逐渐有了共识，尤其对森林资源的认识有了质的飞跃。在这样的背景下，在林产品的生产过程中如何有效利用森林资源尤其是木材资源是一个不可回避的基本前提，这就对以木材为主要原料的林产品生产加工企业提出了更高的要求，也就决定了这类企业必须更加关注能带来可持续、高绩效成果的生产技术与管理模式。

第十，进入 21 世纪以来，我国未来经济发展的方向主要是树立科学发展观，建设节约型、环境友好型社会，传统经济模式向循环经济模式转变。在社会生产中，木材是四大原料即钢材、水泥、木材、塑料中唯一的可自然再生的材料。目前，许多国家已经意识到使用木材这种可再生资源作为社会经济发展中的重要材料替代不可再生资源，是实现一个国家的环境与经济可持续发展的科学途径。

第十一，由以上所列的世界主要林产品贸易的相关数据可知，世界工业原木在世界林产品贸易总额中占据较低的位置。这说明世界各国对森林资源的保护已经非常重视，国际社会对森林资源可持续发展已经有了具体的实施效果。今后来源于天然林的木材将会越来越少。联合国森林论坛拟于 2020 年通过天然林木材贸易方案，如果该议案顺利通过并实施，届时来自天然林的木材几乎为零（李智勇等，2007 年）。在这样的背景下，一方面发展人工商品林将成为解决林产品生产中木材供求矛盾的重要途径，同时也对林产品高绩效、节约化的生产技术与管理水平提出了更高要求。

第十二，由于林产工业是资源约束型产业，对资源的需求有特定要求，在林产品贸易市场空间不断扩大的背景下，要使我国林产工业在国际竞争中取得竞争优势，首先是必须解决原料基地化问题，其次就是必须创新林产企业的发展模式，改变其传统、单纯的木材加工者角色，逐渐形成集原材料供应商、生产制造商、销售商、顾客联成的整体运作模式即林产品供应链管理模式。这种管理模式的核心主要是通过多环节的利益博弈与协调以实现整体与各环节的利益价值，而这是传统的林产品生产运作管理模式难以协调和实现的。在传统的管理模式中，林产品生产商必须独自完成生产所需要的原材料采购、生产制造、销售，难以有效协调与体现供应商、销售商以及顾客的目标价值，难以满足市场竞争的高质量、快捷乃至个性化要求。因此，林产工业管理方式的突破是其发展首先应解决的问题。供应链管理理论的出现，无疑给林产工业的发展带来一种新的管理理念和方法。

4

林产品的特点与
建立林产品供应链的意义

4.1 林产品与林产品生产企业界定

4.1.1 林产品的概念

在人类社会生产与生活中，以森林资源为原料经手工加工、企业生产转化后所提供的林产品类型呈现多样化形态。一般而言，林产品（forest product）的外延较宽，它不仅仅指以木材为原料经过加工形成的各种产品，也包括与森林有关的林下产品，如竹林产品、营林产品、生态旅游产品、森林食品等等。其中，具有单一性质的林产品指不需要经过复杂多工序加工就形成的林产品，如原木、林下的菌类产品，它只需要经过简单处理即可直接面对市场。但一般情况下，多数林产品往往指以木材为原料经过复杂加工形成的各种产品。

由于林产品种类繁多，各国对林产品的分类亦有不同。本书采用联合国粮农组织（FAO）的分类标准，所指的林产品主要是工业原木以及以原木为原料经过复杂加工形成的林产品，即锯材、人造板、纸及纸浆和木浆。很显然，林产品的种类范畴是广泛的。为了保证研究的科学性、示范性并不失一般性，所以本书对林产品研究对象进行具体限定，在建立林产品供应链及其供应链管理的微观研究中所指的林产品仅指"人造板"。这是因为以木材为原材料经过加工成为的林产品主要涉及两大产业：木材加工产业和林纸一体化产业，后者较前者无论是总产值还是产业结构的复杂性、生产规模都不及前者。再加上，考虑到人造板生产的产业链最长，同时从第 3 章的分析也可知道，人造板的生产与消费在世界各国中皆占有举足轻重的地位，人造板可直接作为最终产品使用，也可以作为各种工业用料、各种家具用料等等，是使用量较大、使用范围最广的一种林产品，因此在具体构建林产品供应链及讨论其供应链管理时，本书以"人造板"为具体参照与研究对象。

4.1.2 林产品生产企业界定

在界定了林产品概念范畴的基础上，本书所指的林产品生产企业（在本书中也作林产品供应商）即是指以森林资源为基础，以技术与资金为手段，以获取经济效益为目的，有效组织生产和提供各类林产品的企业，主要涉及林业产业中的第二产业的多个门类，涵盖范围广、产业链长，产品种类多。是直接将森林资源转化为商品、直接参与市场竞争的工业企业，在促进世界经济发展、各国的国民经济发展、提高人类社会生活水平质量中发挥着不可替代作用的企业。但由于具体研究的需要，本书确定将人造板作为研究时的比照对象，所以，本书对林产品生产企业的研究对象就限定为以生产制造人造板为产品的企业。

4.2 林产品的特点分析

4.2.1 种类多

从林产品的定义范畴可知，林产品的种类较多。由于本书已将研究的林产品比照对象确定为人造板，所以，在某种程度上人造板对综合意义上的林产品具有一定的代表性。一般而言，人造板主要包括单板、胶合板、刨花板、纤维板等。具体常用的有大芯板、胶合板、饰面板、纤维板、刨花板、宝丽板、桦丽板、防火板、纸制饰面板等。由此可见，仅就人造板来说，其种类也是比较多的。从另一角度来说，可以作为林产品，这里主要指人造板这种林产品的林木种类也是比较多的，据有关资料显示，目前以作为原材料用于人造板生产的木质树种种类就有 300 多种。而且由于原料种类的差别，生产制造出来的人造板的性能与质量是存在着差异的。

4.2.2 健康环保功能强

由于林产品的原材料均取自大自然，所以林产品的天然特性很强，对人体与环境均没有危害。例如，实木制品与塑料制品相比，前者不但纹路自然，不含有甲醛、多酚等有毒物质，很多还具有对人体无害的驱虫的芳香气味；不但结实耐用，而且一旦废弃，在自然界的腐蚀风化过程中并不产生对环境有害的化学物质。但是塑料制品在使用过程中，可能会缓慢析出有毒的化学物质，而且废弃后难以在自然界中风化，绝大多数研究都认为至少需要二百年以上才能销蚀。因而林产品因其健康环保功能强，在人们的生活与生产中是最受欢迎、使用最多的产品。

4.2.3 使用范围广

从历史发展的角度来说，人类社会的产生与发展离不开森林的孕育。古人钻木取火、采摘野果、居于树洞等行为无不依赖大自然，其所使用的简单生活、生产用品按现代的分类几乎都是"林产品"，可以说人类社会的文明是伴随着林产品的使用而产生与发展的。到了当今的时代，虽然人类发明了一些新材料与新产品，对林产品而言也有一定的替代作用，但人类社会依然离不开林产品，而且林产品的使用范围却变得更加广泛。例如，林产品中的原木、胶料可作为国防工业、化学工业、木材工业等生产的基础原料；原料取自森林资源的药品、食品广泛使用于社会生活之中；木质类家具更是人类不可缺少的生活用品。因此，可以说林产品是人类广泛用于生产与生活的必需品。

4.2.4 培植周期长

木材、钢铁、水泥、塑料是世界经济发展中所必需的四大原材料。在社会生活与生产中，原木是非常重要的林产品，有许多林产品也是以原木（木材）为原材料的，从国际社会经济发展的角度来说，随着人们生活水平的提高，人们对林产品的需求量越来越大，这也意味着对木材的需求量也越来越大。但众所周知，各种森林资源都是可再生资源，林木资源也不例外，但林木资源在生长过程中不但周期长而且成长的风险也大，一个生物多样性多样、生态链完整的天然森林群落至少需要一二百年的时间，例如云南的高黎贡山、大围山、西双版纳自然保护区等森林生态系统类自然保护区其森林群落已经经历了几千年至上万年的长期演替；对人工林而言，在没有受到大的自然灾害侵袭的情况下，直径10cm左右的小径材也需要十年左右的时间，所以说初级林产品——原木的生产培育周期长是非常值得注意的一个特点。其他类型的林产品的初级原材料都属于森林资源，除去一年生、多年生草本外，可以说从生物特性上多是生长周期比较长的林木。

4.2.5 产品供应链长

企业在进入正式生产前都需要进行生产准备，即需要租赁或购买土地、购买机械设备、招聘培训工人、拥有或购买生产工艺专利技术、购买原材料等等。对于这些生产准备环节来说，购买生产材料是一项非常重要的工作。林产品生产企业在原材料准备这一环节中也像其他企业一样需要向原材料供应商订货。由于林产品生产所需的原材料属于可再生的天然资源，而且一般来说，绝大多数林木的培育周期比较长，因此，从商品林木的采育角度出发，从林木育种开始到林木成熟采伐再到贮木堆放，不但需要较长时间，而且这个过程由多个环节组成，需要应用多种相关的林业生产培育技术，以致可能使参与的组织团体数较多，它们相对于生产商来说，上游的这些组织或个人也就形成了多级供应商。对生产商的下游来说，社会对林产品的需求量可能呈现区域性不均衡或大小兼有，所以决定了林产品销售渠道具有一定的复杂性，形成的渠道不可避免地多而宽，即每一个林产品生产商需要面对多个一级批发商，每个一级批发商下又有多个二级、三级等批发商，最后一级的批发商下又拥有多个零售商，林产品通过零售商才能最终到达消费者。因此，在某种程度上使得生产商、销售商以及顾客关系相对复杂，同时客观上也造成了林产品具有较长的产品供应链。

4.2.6 运输储存困难

林产品由于其所具有的自然生物特性，难于长时间露天存储，而且林产品在运输与存储过程中还容易遭受病虫害危害与腐蚀变质。另外，由于林产品的主要初级原料原木（这里指的是过熟、成熟林木）往往长度与直径都比较大，一般为1000~60 000mm、100~2000mm不等，如果再加上原料形状不规整，那么其存储往往占地面积较大，不但给装卸作业增加了难度和提高了运输与存储的作业成本，而且其成品在运输、存储时对温度、湿度以及通风等条件还有更高要求，所以从总体上来讲，林产品在运输、存储过程中要求较高，在一定程度上提高了林产品的运输与存储成本。从另一角度讲，林产品生产企业绝大多数都集中于大中城市，而林产品的需求在地域分布上却是广泛的，这也是造成林产品存储运输成本高的一个原因。例如，目前云南省木材加工生产企业主要分布在昆明以及各地州首府市，所提供的林产品涉及十一大门类，上百个品种。而产品的需求不仅主要满足云南省市场，还辐射到全国各地，因此，在某种程度上，也增加了储存运输成本。

4.3 林产品生产发展中存在的主要问题分析

新中国成立以来，我国林产品生产已有长足的发展，生产企业从无到有，企业规模从小到大、产业结构不断得到调整和逐步完善，但必须看到我国林产品的发展与发达国家林产品生产的发展相比还有较大差距，所存在的问题主要表现在以下几个方面。

4.3.1 原材料生产地相对集中

由于我国当前城乡在经济发展环境与条件方面差别较大，资金、技术、人才多数集中在大中城市，因而林产品生产企业多数集中在城市。例如，截至 2007 年年底，云南省年产锯材 17.6 万 m^3，人造板 49.6 万 m^3，集成材 11.5 万 m^3，细木工板 5 万 m^3，地板条 398 万 m^3，门窗 150 万件，家具 600 万件，年消耗木材近 200 万 m^3，共有 4626 户木材生产加工企业，这些企业基本上集中在省内的大中城市或者其周围，占林业企业总数的 80%（云南省林业厅统计资料）。这种生产地相对集中的分布格局不利于相对落后的林产品原材料的产出地的经济发展。

4.3.2 原材料运输成本高

无论是东北林区还是西南林区，其森林资源大多数位于远离林产品生产企业的边远山区，一般来说，多数林区地势险恶，山高坡陡，道路狭窄，有的甚至没有道路。例如，云南林区的海拔高差平均在 3000m 以上，坡度平均为 20°。在此地理环境条件下，由于机械化采集作业难度大，大部分林区基本上没有使用机械化采集作业而是依靠人工采伐作业，以致采伐作业的生产效率低、成本高；林区最基础的道路建设施工难度大，投资成本也较高，所建道路崎岖且路面等级质量低，不但加大了运输的难度和成本，而且对运输车辆也有较高要求。另一方面，林产品生产企业所在地距离原料产出地或初级产品资源地单边运距一般在 600 千米至 800 千米左右。云南属多山高原地貌，铁路运输体系不完备难于深入山间，木材运输主要由公路运输承担，在现有条件下，单边运距基本上都超过 600 千米，属于过远运输。如果是从周边国家进口则单边运距还要更长。总之，由于林区地理条件的局限以及林产品生产材料的过远运输，必然会增加原材料在各环节运输中的运输成本，不利于林产品在市场竞争中获得价格优势。

4.3.3 原材料综合利用率与深加工水平低

一般来说，在市场竞争中原材料的竞争、生产技术的竞争是企业获得竞争优势的两个非常重要的竞争因素。而且由于林产品原材料资源供应的局限性，林产工业更加需要关注并提高林产品在原材料综合利用率与深加工生产技术方面的水平。例如，目前我国在厚胶合板（多层胶合板、细木工板）的生产加工中，由于受生产设备、生产技术等因素的局限，出材率仅为40%，其余料本可作为其他林产品生产的原料再进行生产，但目前由于综合利用与深加工生产技术水平较低难以达到应有的效果，同时也使得我国的林产品大都以低附加值产品如基材、半成品、实木板料、毛坯料形式进入国际市场，档次较高的林产品出口率非常低，国内人造板经二次加工的比例不高于20%，经三次加工成最终端的产品就更少。例如，在国内的家具市场中，无论是实木还是板式的高档家具60%是国外生产的，而我国能销往国际市场的知名产品非常少。据有关资料显示，2003年，在各行业中，世界林产企业平均利润率增长最快，其商业平均收入利润率为8.61%，在世界500强企业平均收入利润率中位居第三，但相比之下，同年我国林产品生产企业所取得的利润却比较低，多数企业只能维持生存和现状，而且大部分国有林产企业处于微利或略亏状态，竞争能力薄弱。

4.3.4　林产工业结构不合理

对于目前我国的林产品生产企业来说，在总体结构上初级林产品生产企业所占的比例较高，能够进行深度生产与加工的企业所占比例偏低。这种比例结构说明了：一、我国林产工业结构不够科学合理；二、我国林产品生产企业的缺乏高科技含量的生产工艺技术，意味着我国的林产品生产企业绝大多数属于资源消耗型企业，这对于我国林业资源的可持续发展不利；三、可能导致我国的林产工业在国际市场中缺乏竞争力，最终阻碍林产工业的可持续发展。例如，云南省初级林产品生产企业占到木材生产企业的60%以上，结果是林产品生产企业新产品开发能力弱，不具备生产竞争优势比较强的技术密集型林产品的科技能力。所以尽管云南拥有较为丰富的林产品生产资源，但其林产工业生产总值仅约为江苏省的1/3(云南省与江苏省相关统计数据)。另一方面，加入WTO后，我国国内林产品会越来越受到进口林产品的冲击，林产品市场竞争显然进一步加剧。为此，在提高林业产业整体运作水平的前提下调整林产工业结构是势在必行的。

4.3.5　原材料基地建设薄弱

由于国际社会对可持续发展的认识与实施逐渐加强，我国已于上世纪90年代末(1998年)实施天然林禁伐的保护政策，所以我国林产品生产的原材料基地建设即指商品性林业资源基地建设。目前，我国在商品性林业资源基地建设上，主要存在以下几个方面的问题：第一，绿色林产品质量标准和环境标准的认证体系建设不完善。目前我国以商品林业资源为原料生产的林产品质量检测标准与国外检测标准相比较有较大差距，这将会从整体上影响我国林产品国际国内市场的开发，也将影响林业产业的健康、持续发展。第二，由于树木生长周期长，加上自然灾害如病虫灾害以及火灾等造成商品性林业资源的损失，目前国内的商品性林业资源供需矛盾一直存在并进一步加剧。例如，云南省2012年以来，由云南省林业厅下达的商品林基地建设累计完成造林412.5万亩，目前大都还未达到轮伐期，且木材工业所需的西南桦、桤木、柚木等树种造林面积较小，因此木材加工业发展的森林资源就显得更少。第三，由于政策的扶持与落实不到位，也影响了商品性林业资源生产企业(林产品生产企业也有一定程度的介入)、林农造林的积极性.使社会资金进入商品性原料林基地建设的比例太小，同时也由于各个环节消耗的管理费用太高，提高了造林成本，导致木材原料林基地建设进展缓慢。第四，林地使用权、林木所有权不清晰，使得"谁造谁有"的政策不能得到很好的落实，不仅影响农民营林造林的积极性，也是林产品生产企业租赁林地、建设原料林基地等的制约因素，这些制约因素成为林业产业实施集约化、规模化建设商品林基地的主要障碍。

4.3.6　企业自我发展能力较差

现代化的林产品生产企业属于资金密集和技术密集型企业，一次性投资较大。如一个 3 万 m³/年的中密度纤维板生产企业，需建造相应的原料林 6.4 万亩，投资 2176 万元；采用国产设备需投资 3000 万元，采用国外设备需投资 15 000 万元；此外，企业技术改造和科技创新还需约 1500 万元的投资等。目前，我国的林产品生产企业分属不同的地区和部门，条块分隔，互不往来，很难形成集团化规模生产企业群。现实中，每一个林产品生产企业都缺乏带动行业改造与技术进步的能力，企业抗风险与自我发展能力弱。而且从全国范围来讲，规模较大的林产品生产加工企业不多，绝大部分为小规模的林产品生产加工企业。至于其中的锯材、家具等行业其生产更加分散，规模更小。一般地说，规模偏小的企业，基本上在生产技术与新产品研发方面不进行投资，以致这类企业产品生产技术含量低，生产出来的产品质量差，自我发展能力不强。以云南省刨花板行业为例，全省现存的十多家刨花板企业，除个别人造板有限公司外，其余企业产量均小于 1 万 m³/年，全省刨花板的年总产量远不及规模产量要求，而世界纤维板生产企业的平均规模在 1995 年就已经达到了 10 万 m³/年。所以，云南省刨花板行业企业在国内国际市场上并不具有较强的竞争优势，同时也缺乏自我发展能力。

4.3.7　企业管理水平不高

第一，在体制管理上，目前我国的林产品生产企业大多数都存在经营粗放、管理落后的现象，企业的管理体制还不能更好地适应社会主义市场经济规律的要求。第二，在产品营销管理上，缺乏全方位的打造品牌的魄力和手段，有些产品质量与国际品牌的产品质量相比毫不逊色，但缺乏市场和消费者的认同。第三，产品创新管理能力弱，具有自主知识产权的产品少，以及产品创新的领域过于狭窄，而且主要集中于家具业和室内装饰。第四，企业管理模式老旧。在国际市场的竞争中，国外的许多林产品生产企业在竞争意识与竞争模式方面比较先进，比如供应链管理模式就是目前较为先进的一种管理模式，国内外一些生产企业采用后都获得了较好的效果。所以，要使我国林产品生产发展达到令人满意的效果，必须采用新的、先进的这类管理模式。本书之所以定位于研究林产品供应链管理模式，就是认为传统的林产品供应商、林产品生产商、林产品销售商各自为政的管理模式难以形成价值共同体，要从根本上消除林产品生产企业为原材料获得和产品营销所耗费的大量人力、物力和财力，保证生产企业把主要精力投入到主业中，需要充分调动原材料供应商、销售商的积极性，而这种激励的前提条件是供应商、销售商确信通过缔结"供应链联盟"能够使他们获得期望利益，也即供应商、销售商与生产商在共同享受利益的前提下，各自才能发挥最大的主观能动性，供应链管理就是一种有效的企业管理模式。

4.4 建立林产品供应链及供应链管理的意义

4.4.1 有利于森林资源实现可持续发展

森林资源是多功能再生性经济资源，其生态效益、经济效益和社会效益非常显著且已被国际社会充分认可。一般来说，人类利用森林资源是根据森林的生态区位和当地社会经济发展的需要，来确定森林资源的主导利用方向，这显然是对森林资源生态经济属性的确定与利用。从可持续发展的角度讲，森林资源作为一种可再生的经济资源，保护与利用并不是矛盾的，可持续的内涵不是封闭保护、不是不用，其关键是保护的度与利用的度是否是理性的，利用的度是否在森林生态系统的承载力以内，是否在理性获取后不破坏森林生态系统的自我恢复能力。所以，从这个角度讲，林产品经济的发展是森林资源自身经济属性及其可持续发展的需要所决定的。因此，在符合可持续发展宗旨的原则下，通过林产品生产把资源优势转变为经济效益不但不会破坏森林生态系统的生态效益，反而会因森林能为人类带来经济收益更加促使人们重视对森林及其资源的保护。在现代管理中，林产品供应链及其供应链管理的建立与运用，在一定程度上可不增加资源消耗而极大地提高林产品的经济效益，而多年实践证明，林产品经济的发展对于提高森林经营水平，全面提升林业建设的效益和质量是有益的，主要体现在这几个方面：林产品生产的发展不仅能改变林业种植业结构，还能加快林业改革进程，改变森林资源培育投入产出模式；可以加快林产工业现代化进程，大幅度提高森林资源开发利用的附加值，减少对森林资源的消耗；还能在增强林业产业经济发展实力的同时引导林产品生产由低价值消耗向高价值转变，从根本上改变我国森林资源消耗结构；森林资源的经济价值的实现能调动林农造林、护林和营林的积极性，吸引企业资金对林业投入，最终实现森林资源永续利用、林产品生产和林业经济良性循环。例如，云南是我国第二大林区，是一个以农业为基本构架的典型山区省份，山地面积占全省土地总面积的90%，山区人口占总人口的70%。森林资源是山区的主要经济资源之一，林业用地占全省土地总面积的63%（2004年云南省政府工作报告）。森林资源又主要集中在贫困山区，其中林地是山区农民的重要生产与生活资源，各种林产品是山区群众赖以生存和增加经济收入的重要来源。由此可见，山区经济发展优势在山，潜力在林，在很大程度上要依赖林业发展。山区群众要实现脱贫致富奔小康的目标，必然要走靠山吃山、吃山养山、兴林致富之路，治穷之本在治山，治山之本在兴林，兴林之路在森林资源可持续发展下的林产工业发展。因此，山区林业发展目标不能只停留在"绿起来"和森林生态效益好起来，更重要的目标是在确保生态安全、森林资源可持续发展的前提下，发展优质高效的林产品生产，实现林产品供应链及其供应链管理，加速林产品经济的发展，使山区经济"活起来"、山区群众"富起来"。因此，可以说林产品经济的发展是实施以生态建设为主的林业发展战略的重要组成部分，没有林产品经济的支持，林业就不能实现全面、协调的可持续发展，山区农民也难于实现全面建设小康社会的宏伟目标。

4.4.2 有利于促进林业产业政策的贯彻和落实

2003年，国务院制定了《中共中央国务院关于加快林业发展的决定》。该"决定"的实质是通过积极调动林业产业内因的作用，优化资源配置，加快形成以森林资源培育为基础，以精深加工为带动，以科技进步为支撑的林产业发展新格局。重点是：积极发展木材加工业，提高木材综合利用率，实现多次增值；鼓励林产品生产经营方式集约化，突出发展名、特、优等新兴林产品；培育新的林产品经济增长点，大力发展特色出口林产品。2006 年，中共中央、国务院又做出了《关于全面推进林权制度改革的意见》，该"意见"的主要目的通过集体林林权制度的完善与实施，充分调动林农造林、养林、护林的积极性，同时进一步解放和发展林业生产力，发展现代林业，增加农民收入，建设生态文明，为林业产业的发展建立永续利用的原材料基地。这个"意见"的主要内容充分说明了现代林业产业的发展不是局部的发展，而是可持续的整体性发展。从某种意义上来说，建立林产品供应链与实施林产品供应链管理是体现这种整体性可持续发展的一个重要环节。它通过将林产品生产所需的原材供应、产品生产、产品销售以及顾客连为一个整体联盟，节约高效地实现联盟效益目标与各组成企业的效益目标。在确定林产品生产商为林产品供应链构建的核心后，为了获得稳定的林产品生产原材料，林产品生产商与原材料供应商发生联系，这种联系的最前端触角需要深入到林农，与林农形成的博弈关系能够促使林农对未来林产品市场的变化有一定程度的了解，从而使他们的原材料出让行为避免盲目性，使其利益能够得到相应的保障，最终支持林业产业政策的落实与实施。

4.4.3 有利于促进林产工业的发展

木材、钢铁、水泥、塑料是国民经济发展所必需的四大原材料。随着人们生活水平的提高，人们对木材及以木材为原料的林产品的需求量越来越大，但由于思想意识上的短见和对财富的贪婪追逐，大量采伐天然林，以致当今世界正面临着天然森林资源日益减少所带来的严重的环保和生态问题。这就提出了一个问题，人类是否应禁用木材及其木材制林产品，传统的生活与生产用品皆采用钢铁或塑料替代。关于这个问题，笔者认为：在触目惊心的生态环境问题面前，人类的环保意识和可持续发展观越来越强，人们在使用木制林产品的同时，担心使用木制林产品多了就破坏了环境生态，应该用其他材料代替木材，甚至很多专家都认为木材工业是森林生态的破坏者。但现实中木制林产品是不可能完全被其他材料替代的，一是因为木材及木材制品是人类世世代代生活与生产的传统材料；二是木材这种材料比其他材料例如比塑料材料环保。所以，对于这个问题关键在于木制林产品的原料是来源于天然林还是商品林，原料培育是否是可持续的。另外，林产工业的生产技术与管理是否是科学的，是否达到了高效节约。在具备了这样的前提条件下，大力发展林产工业是符合人类的根本需求的，是可持续的。而建立林产品供应链与实施林产品供应链管理是促使林产工业可持续发展的一个重要途径。

4.4.4 有利于促进林业产业结构的调整

具体可表现在以下五个方面：第一，在构建林产品供应链的过程中，能促使林木资源型企业把注意力转向集中提高林地产出率，优化树种资源，扩大林业产业发展的基础，满足生产企业需求，将资源优势转化为经济优势。第二，为了保证林产品供应链的正常运营，在保护天然林的同时，以原木为原料的林产品核心资源型生产企业必须加大人工商品林建设基地规模，增加木材有效供给，同时注重增加"次小薪"材供给量，也可加强大径级珍贵树种的培育以满足企业需要。此外，这类生产企业还应重视生产力布局调整，促进木质林产品品牌的形成和壮大。第三，一旦林产品供应链科学运营，可在一定程度上提高以木材为原料的林产品生产的综合利用率，提高生产中的科技含量，节约木材资源。第四，构建林产品供应链可在一定程度上实现市场多种森林资源的良好配置，科学合理地调整林业产业结构。第五，构建林产品供应链可更加完善林产工业市场体系，有利于建立市场准入制度及制定行业规划和产业政策、建立预测预警信息系统，加强和完善宏观市场调控，使有限资源得到充分利用，引导市场有序发展，有效规避市场风险。

4.4.5　有利于促进管理信息系统的建设

管理信息系统的建设在现代市场中越来越发挥着极大作用，是现代企业发展必备的技术手段，林产企业也不例外。为此，林产品生产企业在管理信息系统建设方面都需要投入一定的人力、物力、财力。目前，大多数企业管理信息系统的适用范围主要围绕其内部的生产调度指挥系统、人财物管理系统展开，以致系统往往显示出自用、封闭、适用范围小这样一些特点。建立林产品供应链，必然要建立林产品供应链管理信息系统。很显然，这个系统是一个开放的系统，它不仅要满足核心林产品生产企业内部信息快捷共享的要求，还需要满足供应链中各节点企业间的信息快捷通畅要求。从某种意义上讲，林产品供应链中的管理信息系统是一个应用范围更加广泛，技术要求更加严格的信息系统。由此可见，这个信息系统的产生与建立是因林产品供应链的建立与需要而存在的，所以说，建立林产品供应链及其供应链管理能促进供应链中管理信息系统的建设。

4.4.6　有利于减少物流成本

据有关部门资料统计，在林产品的销售成本中，物流成本占整个成本的1/3，以致降低物流成本已成为提高企业竞争能力的一个重要方面。建立林产品供应链与实施林产品供应链管理是有效降低林产品物流成本，提高物流运作效率的重要有效手段。林产品供应链的正常运营与管理能使林产品原料、中间产品、最终产品的物流目的更加明确，从而有效降低物流商的交易成本，减少供应链中各环节的物流成本支出，提高林产品物流中的运输、装卸搬运、流通加工、包装、仓储、配送、信息处理的工作效率。

4.4.7　有利于培育核心林产品生产企业的竞争能力

根据林产品所具有的独有特点，林产品供应链是由林产品供应商、生产商、销售商、顾客等若干环节组成的长链，这条供应链的建立与运营必须以林产品生产商为核心展开，所以保证林产品生产商的生产高效运营是建立林产品供应链及其供应链管理的根本。鉴于林产品(包括原木)的原料源的特殊性，在这条供应链中如果林产品供应商提供的原材料是充足的，那么林产品供应商能否生产出令顾客满意的高品质林产品关系到整条林产品供应链运营的成败，而其能否持续不断地生产高品质的产品则取决于企业是否拥有持续的竞争能力，这在很大程度上决定着供应链能否生存并持续运营。但长期以来，我国的林产品生产商总体来说仍然处于生产经营粗放，效率相对低下的状态，虽然也获得了一定的经济效益，但对自然资源、环境的消耗和破坏很大，不符合可持续发展和循环经济的宗旨，而且在国内、国际市场上也难于获得竞争优势，不能形成核心竞争力。为此，通过建立林产品供应链与实施林产品供应链管理必须关注并促进林产品生产商培育持续的企业核心竞争力，走上真正的可持续发展道路。

5
林产品供应链与基于 Multi-Agent 的林产品供应链管理系统分析

5.1　林产品供应链的含义与特点

5.1.1　林产品供应链的含义

鉴于本书在界定供应链时以马士华教授提出的供应链概念为蓝本，因此，在分析了林产品的涵义与特点的基础上可将林产品供应链（Forest Product Supply Chain，简称 FPSC）概括为一个综合性的概念，即它是以林产品生产企业为核心，通过对其信息流、物流、资金流的控制，从林产品的原材料采购开始、经林产品的生产制造、加工使其成为最终产品，最后由销售网络把产品送到消费者手中的将林产品供应商、生产商、批发商、零售商、直到最终消费者连成的一个具有整体网络链接功能的整体结构或联盟体。

由于传统上公认的林产品的定义范围较广，所以，在界定了林产品供应链内含的前提下，有必要对林产品供应链中的林产品供应商、林产品生产商、林产品销售商也作相应的界定。第一，在林产品供应链的定义中，林产品供应商广义上包含两层内容，一是指提供所有类型林产品原材料的个人或组织；二是提供原材料的个人或组织在作业范围上涉及种植、培育、采伐、市场交易等若干环节。因此，林产品供应商的类型可以是多样的，也可以是多级的，不但可在林产品原材料生产领域产生，也可在流通领域产生。在本书中，若不特别说明，林产品供应商主要指生产领域中种植与培育林木的组织与个人，具体来讲即是较为分散的林农或具有一定规模的商品林生产商。第二，在林产品供应链中，生产商没有分级且仅指一个人造板生产企业，是这条供应链中的核心企业。第三，林产品销售商只存在于流通领域，且由于分销渠道的广阔与复杂，它往往以多级的形式存在。

在林产品供应链这条产业链中，产品从原料采购到达客户，主要包含 7 个模块或环节，即产品设计、原料采购、生产制造或加工、仓储运输、订单处理、批发经营、零售。显然，生产制造是最中心的环节，是硬环节，其余的环节因具有一定的弹性，属于软环节。

从 Multi-Agent 的角度来看，林产品供应链主要包含林产品供应商、生产商、销售商、顾客四个主要环节。

5.1.2 林产品供应链的特点

林产品所具有的独有特点在某种程度上限定了林产品供应链的特点。很显然，林产品供应链在构建框架与特点上与其他类产品的供应链，如电子产品供应链、农产品供应链等相比较，在宏观上有一些共性特点，但在本文中更加强调的是微观上所具有的独有特点，它们主要体现在以下几个方面。

5.1.2.1 具有两种性质的生产

林产品供应链中包含有核心林产品生产企业的林产品生产过程，但由于林产品定义范围中原木也是林产品，是初级林产品。所以，也就使得林产品的生产兼有自然再生产和社会再生产相结合的特点，而其他类型的产品链一般只具有社会再生产特点，这也是林产品供应链与其他类型的产品供应链的根本区别之一，这还使得即使在林产品供应链内部，林业生产与工业生产、流通领域内的生产相比，在生产要素时空变异度、过程可控性、产出同质性、系统风险性、投资回收期、吸纳资本力等方面都存在着巨大差异。此外，从系统论和控制论的角度看，林业生产和运营系统的"黑箱"特征比较明显，因而林产品供应链在集成和优化模式上与其他类型的产品供应链的差异巨大。总的看来，林产品的自然再生产和社会再生产的并存性构成了林产品供应链的主要本质属性，这一属性直接衍生或与其他因素相结合形成了林产品供应链的诸多其他特性，它是形成林产品供应链其他特征的重要基础或根源，这也使得林产品生产经营非常明显地表现出原料生产、产品生产和制成品销售是一个完整的产业体系的特点，而这条产业链上的各个企业之间的协作达成是建立林产品供应链的原发性目的与设想。

5.1.2.2 具有物流约束性

林产品供应链的物流约束性表现在两个互相关联的方面：一方面是林产品物流能力（包括物流管理和物流基础设施等方面）所带来的制约；另一方面是宏观物流环境、国家物流政策、林产品行业规范及标准化等对林产品生产物流形成的外部约束和局限。林产品物流约束性的重要根源在于林产品供应链中的物流客体——林产品与其原材料具有其他类型产品、原料所不具有的特殊性。具体来说，即由于木质原料及其制品一般具有内在本质生物性、供应季节性、生长地域边远性以及易受病虫害侵扰、易腐蚀、重量和体积偏高等特性，从而决定了林产品供应链对林产品物流管理能力和物流技术因素的具有较高要求。反过来看，林产品的物流能力又制约了对林产品需求客户价值实现的程度及林产品供应链竞争绩效与对其供应链管理绩效的高度。

5.1.2.3 物流路径长且复杂

林产品供应链中林产品供应、生产加工、销售的物流过程可描述为：原材料采集与运输，在制品生产加工，产成品销售并运达用户。很显然，由于林产品特点的约束，林产品在原料生产、在制品生产加工、产成品销售的物质流动轨迹中经历的路径比较长，而且在这个物的流动中由于所经由的环节比较多，所以物流路径具有一定的复杂性。这里所指的路径复杂性主要源于林产品供应链的第一个环节即林产品供应商必须把分散的山区森林资源采集并长距离运送到城市边缘的生产加工地。这一过程中，最为突出的路径特点是：运输距离远，运输道路条件差。这就决定了林产品供应链中物流硬件投资大，产品一体化物流在控制上具有较高的难度，在管理上也具有一定的难度与复杂性。

5.1.2.4 具有时间竞争局限性

林产品供应链在时间竞争的潜力方面受到诸多局限。首先，林产品供应链中林业环节生产和运营周期的长周期与林产品生产加工、流通的短周期落差巨大，在一定的经济技术条件下，林业周期的压缩潜力有限。其次，林产品供应链中供应环节在响应用户需求时，方式上与后续环节存在着巨大差异——林产品生产和决策在时间上整体刚性很强，受国家政策影响大，调整的柔性差。另外，林产品供应链各关联子系统在信息传递、物流系统协调与集成的标准、格式、规则（特别是通信模式）统一性差，也约束了林产品供应链时间竞争的整体优化空间。最后，林产品供应链中各节点时间竞争的工具很有限，一般生产企业常用的系统简化和整合、标准化、偏差控制、自动化等方法在林产品生产企业运用有较大困难。

5.1.2.5 原材料供应具有特殊性

我国集体林权制度改革以后，林产品供应链中原材料供应商客观上是成千上万的林户（可指个体、集体、国有等具有符合国家要求获得林权的所有者），他们具有自然人、法人、管理者、决策者、劳动者等多重身份属性，其行为方式比较复杂，决策行为的理性与非理性并存，并受个人文化素养、心理状态、经济状况等因素影响而波动；在对市场信号和经济信息的认知和反应上，既可能理智稳健，也可能盲目跟风；这个群体的数量弹性很大，可以从几十号人到成百人甚至更多，这在其他类型的产品供应链中很少见。林产品供应商构成上的这种特殊性，使供应链主流理论中关于供应商选择优化、集成供应以及供应商关系管理的理论和方法，移植到林产品供应链时会面临重大的适用障碍。例如，基于供应链管理的供应商管理倾向于减少供应商数量并增加其规模实力，对于林业生产而言，其规模扩展在特定经济技术条件下主要依赖于生产要素，特别是林地和劳动力，而林农主体地位与其林地所有权的紧密联系性，使得减少供应商数量和增大其规模间存在矛盾。因而，基于供应链管理的供应商管理一展开，必然会与林业林地使用权流转、林户身份属性转换、林场林地产权关系变革等复杂问题联系起来，而其他类供应链中却基本不涉及这些问题。

5.1.2.6 需求供应具有快速性

林产品在人们的日常生活和工业生产中有着广泛的应用。21世纪以来，世界上经济发达国家的林产工业具有较快发展，与此同时我国随着整个国民经济的快速发展，居民收入和生活水平都有了极大的提高，林产工业也有了较大发展，林产品的种类和品牌日益增多，可替代品大大增加，产品流通渠道日益复杂，消费者对价格、品质、服务等日益敏感，购买偏好和习惯也更加捉摸不定。总体看来，林产品消费模式已由温饱型向质量型、服务型转变。从供应链的角度看，整个林产品供应链需求端呈现出高度的不确定性、敏感性和个性化趋势。消费者需求模式的演变对整个林产品生产、林产品流通领域带来前所未有的压力，能否准确把握林产品消费者需求并快速响应已成为林产企业生存和发展，获取竞争能力的关键。很显然，要达到这一切，单靠企业自身的孤立努力是很难达成的，这也是构建林产品供应链时必须要达到的目标之一。

5.1.2.7 结构具有可变性

从供应链结构的角度看，影响林产品供应链的风险因素具有全方位性：林木遭受自然灾害、政策制定、市场竞争、组织规模、价格波动、原料供应商的行为方式、消费者的行为偏好等因素的交互影响和作用，对其结构呈现很强的扰动性和破坏性，但其中最主要的影响因素在于其林产品原材料的生产培育存在不稳定性。在宏观上，这些影响常常导致林产品供应链重组。在微观上，所导致的林产品供应链在结构上的变化主要表现为：连接的随机性大，组成节点多变，进而改变链的层级和宽度；林产品供应链一旦有风险冲击可能发生断裂瓦解，且在短时间难以重接；从一体化物流的角度看，林产品供应链由于结构具有一定的可变性，所以可能减弱供应链的可视性。

5.2 林产品供应链的基本结构

依据一般供应链组成结构的内容和要求，林产品供应链的基本结构可包括以下内容：多级原材料供应商、生产商、多级经销商、最终用户，如图 5-1 所示。

图 5-1 中描述的林产品供应链一般结构中包含有多级原材料供应商，这与林产品原材料生产的分散性有直接关系，林产品供应链上游的原材料供应商除集约化的商品林基地供应形式外，最前端一般要涉及众多林农，尤其是集体林权改革后，一部分农户直接成为林产品供应链的成员，一部分通过与供应商联系后间接成为林产品供应链成员，还有一些可能不是林产品供应链成员，但在条件合适的情况下也会向供应链提供原材料。林产品供应

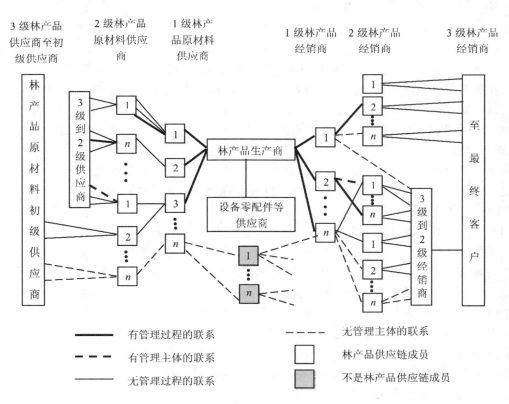

图 5-1　林产品供应链的基本结构

Figure 5-1　The basic construction of supply chain of forest product

链下游的销售商也有一定的特点：一些销售商直接成为林产品供应链的成员，一些与林产品供应链之间呈现出松散的联系，一些不是林产品供应链成员但销售林产品供应链生产的产品。由于以上特性的存在，在构建林产品供应链时不能完全沿用一般产品供应链中的"少选原则"来确定链中的供应商与销售商的数量，而是应根据实际需要确定合适的数量。

5.3　林产品供应链管理

5.3.1　林产品供应链管理的定义

在以上对林产品供应链定义的基础上，可将林产品供应链管理（forest product supply chain magagement）定义为：在林产品供应链中，以林产品生产企业为核心，以信息流通网络为依托，应用系统的方法来管理从林产品原料开始经生产成为产品并将产品顺利转移到消费者手中的过程，使得从林产品原料供应商、生产商、批发商、零售商直到最终用户的信息流、物流、资金流等在整个供应链上畅通无阻的流动，达到供、产、运、加、销的有机结合，使林产品在产前、产中、产后与市场之间联结成满意的系统优化运行状态，最终达到供应链上各个主体共赢目的的过程。

5.3.2　林产品供应链管理的目的

5.3.2.1　建立供应链联盟利益机制

随着管理科学的进一步发展，我国林业产业化实践中原有的主要以合同形式确定下来彼此之间的伙伴性合作关系和利益分配方式将会出现新的变化。比如由于受森林资源的限制，在林产品供应链管理中，对原材料供应商的选择尺度必将有所放宽，这是实际需要；原有的诸如"保护价收购、利润分成"以及"合作建设"这些分配方式已面临着日益增多的挑战。众所周知，价格机制是利益机制的核心，林产品市场价格上涨及其原料与产品的供应障碍，会造成林产品的市场价格波动，再加上供应链中核心生产企业或林户的投机行为以及国外竞争者的全面冲击，所导致的变动可能造成企林利益分配方式及合同执行上的不稳定。所以，供应链管理的利益观及分配模式将有助于重新调整价格机制与分配方式并使其更能适应动态的市场环境。与传统的企业管理模式比较，供应链管理超越了机构、企业间的界限，把有关各方都联系起来，形成"利益同盟军"并遵循个体利益服从集体利益的原则，即供应链中所有参与者的首要目标是使整个供应链的总成本最小，效益最高，共同获得消费者的认同，以此提高整个供应链的竞争能力。而供应链中的参与者只有在满足上述目标的前提下，才可能追逐到自身利益的最大化。同时，供应链管理提倡链中的所有参与者地位平等，虽然存在一个核心企业，但它与链上其他节点企业不是具有鞍点的博弈关系而是无鞍点的共赢关系，他们之间应该充满互助与合作，而非支配与被支配关系，这就是建立林产品供应链联盟利益机制的本质核心所在。因此，在林产品供应链管理中，链上的所有参与者都有责任共同建设和维护这个供应链的成长和发展。

5.3.2.2　提高物流管理效率

英国著名物流学家 Martin Christopher 认为：供应链管理实际上是物流管理的延伸，因而导入供应链管理的过程也是一个推进物流管理的过程。目前物流管理仍是国民经济运行中的一个薄弱环节，而林产品物流管理更是这弱项中的弱项，严重影响了林产品生产的发展和消费者价值的实现。因此改善林产品物流管理已成为林产工业经济健康稳定发展的必然要求。但是作为具体林产品供应链上的核心企业，其强化物流管理的一个重要前提就是能够辩证地分析与理解林产品供应链的生产能力、可控物流资源与其物流环境的关系。木材原料一般具有内在本质生物性、供应季节性、形状不确定性等特性，其影响可不同程度地持续至最终用户。这些特点决定了林产品生产体系对物流技术因素和物流管理能力的高度依赖。林产品供应链的核心企业通过实施基于整个林产品供应链的一体化物流管理，将整个流程中涉及的包装、运输、贮存、装卸搬运、流通加工、物流信息、配送等诸要素视为相互联系、相互制约的有机整体——物流系统来加以管理，这不仅有利于充分挖掘"第三利润源泉"，而且有利于整个林产品供应链形成快速反应机制，使信息等资源在供应链上各方之间得到充分共享，同时又使整个供应链的库存水平降为最低，甚至实现"零库存"管理，整合并最优化供应链的整体物流，实现产、加、销过程完全一体化。

5.3.2.3　获得整体竞争优势

随着我国加入 WTO 后林业领域对外开放进程的加快，林产品买方市场的形成以及林产品地区市场、国内市场、国际市场间交互影响与作用的日益深化和复杂。在国际市场的激烈竞争中，我国林产品生产行业的生存与发展壮大取决于其整体素质和综合实力。国内外经验充分显示，当今林产品生产业及其关联产业的竞争，更多的已不单纯是某个生产组织、运营环节、具体产品的"单一实体"的竞争，更表现为整个产业链条、整个运作体系的全面性、整体性竞争。而供应链则提供了这一竞争态势下有效的竞争武器。供应链管理理论的核心思想是通过业务外包利用外部资源和服务来减少整个林产品供应链运行成本及产品成本的方法来增强林产品供应链的竞争力，虽然当前我国要求形成合同制或者形成纵、横向一体化的产业化经营模式，但相对于传统市场交易型林业是一种促进，要从根本上改变林业产业的发展需要有其内涵的消化，即建立林产品供应链并使链上的节点企业知道自己的利益所在，联合的关键点所在，竞争优势所在，一旦理清了这些问题，履行合同就成为一种自觉的行动，实施这种经营模式的最终结果也就体现为降低了整个供应链以及链中各企业的成本，提高了供应链运作效率与竞争能力。

5.3.2.4　获得快速供给反应能力

20 世纪以来，其林产品种类和品牌日益增多，流通渠道日益复杂，消费者对价格、品质、服务越来越敏感，购买习惯更加捉摸不定。消费者行为模式的演变对整个生产及流通领域带来前所未有的压力，能否准确把握消费者需求并快速响应已成为企业生存的关键。而基于供应链管理的 QR(快速反应)、ECR(有效顾客反应)等策略则提供了达成这一要求的有效手段。20 世纪 80 年代中期在美国提出的 QR 是一种供应链管理对顾客需求的变化做出迅速响应的管理策略。其基本要素包括：贯穿整条链的有效的信息，通信结构，短的产品开发与制造周期，有效的市场预测和补给系统，快速的订货和供货系统等。ECR是 QR 和 EDI(电子数据交换)的变体，通过这一策略使批发商、供应商及销售商甚至杂货店主紧密联系在一起，共同把产品送到消费者面前。ECR 策略的导入有助于林产品供应链中各主体摆脱"零和"博弈局面，优化分销渠道，通过准确把握消费者的需求并迅速响应，以获取竞争优势和利益增值。

5.3.3 基于 Multi-Agent 的林产品供应链管理系统的组成结构

由以上表述的内容可知，林产品供应链组成结构应包括原材料选购、产品生产与销售的各个环节以及产品消费者。具体包含：树苗培育到森林资源管理、原材料采购、林产品生产、市场销售、产品消费者环节。这些顺序相连的环节反映出了林产品形成过程也是林产品供应链的形成过程，这个过程主要包括四大部分即林产品原材料供应商，林产品生产商、林产品销售商与林产品需求客户。其中的原材料供应商涉及林产品生产加工之前的育苗、种植、森林管理等环节；生产商涉及生产加工前、中、后环节；销售商涉及完成流通领域物流的多层环节；需求客户中包含了消费者需求、产品价值实现等环节。林产品供应链结构以林产品生产商为核心企业。林产品生产企业是集林产品生产与加工为一体的加工与制造企业，在林产品供应链的构建过程中，应尽早促成林产品企业与其供应商形成长期稳定的合作关系，为此，在林产品原材料生产过程中，有能力的林产品生产企业可能为林产品原料提供商提供某些生产要素、技术指导、设备乃至于资金的投入，这很有利于强化林产品供应链中核心企业的主导作用。图 5-2 是简化的林产品供应链组成结构模型，主要表明从林产品供应商、核心生产商、销售商到消费者的关系。

图 5-2 林产品供应链组成结构简图
Figure 5-2 The section construction of supply chain of forest product

图 5-3 是在图 5-2 基础上延展的林产品供应链管理系统结构图。林产品供应链管理系统是以林产品生产商为核心企业的多元经济复合体管理系统，核心企业利用林产品供应链管理的利益机制，集聚若干林户和中间商组成具有特色的林产品供应链节点主体即林产品供应链供应商。从保证生产资源的角度、市场竞争的角度、林产品资源特点的角度三个方面来说，很显然林产品供应商与销售商不可能是唯一的而是多级的，一般来说不应超过三级，这样既有利于提高供应链的组织化程度，又有利于保护和激发最前端的林农或商品林生产商的积极性和完善林产品销售网络的服务体系以整合和延伸林产品产业链，增强林产品供应链的整体竞争能力。

5.3.4 基于 Multi-Agent 的林产品供应链管理系统的网络结构

一个完整的林产品供应链管理系统中还需要考虑林产品的物流、资金流和信息流。从这三个流的流向角度出发，可绘制出林产品供应链管理系统的网络结构示意图，如图 5-4 所示。在林产品供应链的现实运营中，通过这三个流可将各个节点企业连接起来，最终将产品送达消费者。如图 5-4 中，信息流是双向流动的，即需求信息流自右向左流动，而供应信息流则相反，双向的信息流是创造价值、完成交易的前提条件。正向的物流是传递价值，满足需求的必需，逆向的资金流(退货或赊购除外)是对上游企业付出的经济补偿，所得的分配额视其所创造的价值而定。订单是从顾客向供应商移动的，而订单收到通知、货运通知和发票则是以相反的方向流动(即由供应商流向顾客)。从另一角度来说，林产品供

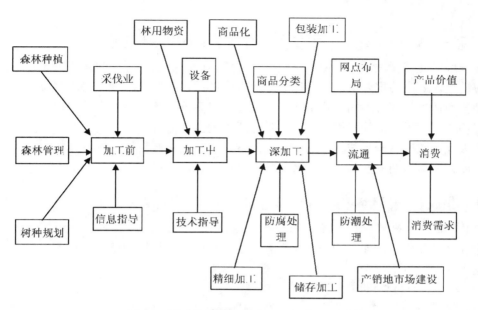

图 5-3　林产品供应链管理系统组成结构图

Figure 5-3　The comprising construction of supply chain of forest product

应链上的各个环节还与其他许多产业信息与技术相关联，比如林业科技与信息、物流管理技术等因素都对林产品供应链及其供应链管理有着至关重要的影响，最终形成一个以林产品生产为主线的网状分布的林产品供应链管理系统。林产品供应链管理系统网络结构模型是由各种实体和信息构成的网络，网络上流动着林产品物流、资金流和信息流，它们是林产品供应链运营与调整的信号。

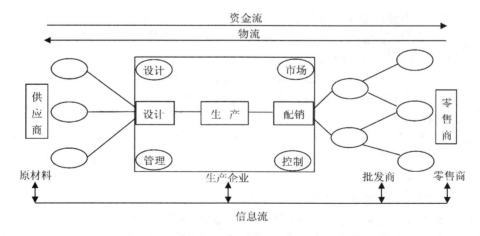

图 5-4　林产品供应链管理系统的网络结构简图

Figure 5-4　The network construction of management system of supply chain in forest product

5.4 基于 Multi-Agent 的集成林产品供应链管理模型

在一般供应链管理集成模型的基础上，构建林产品供应链管理的集成模型是提高林产品供应链运作效率的重要手段。通用的集成供应链管理模型从内涵上要求将供应商、生产商、销售商通过集成管理的方式结成有效联盟以提高供应链竞争能力，但以何种方式、何种途径构建集成供应链管理模型需要与具体所建的供应链特点与供应链所处的行业特点相联系。因此，依据林产品与林产品供应链的特点，集成林产品供应链管理模型的构建应从林产品库存和运输两方面切入，并考虑林产品供给、运输、销售的时间不连续性。

5.4.1 集成林产品供应链库存管理模型

5.4.1.1 集成林产品供应链库存管理基本动态模型

集成林产品供应链库存管理基本动态模型是集成林产品供应链管理模型的重要组成之一，这个模型由以下三个子动态模型组成：

（1）林产品原材料供应库存管理动态模型

林产品原材料供应商可分为木材资源供应商和多级原材料代理供应商，在本文中统称为林产品供应商。林产品原材料供应库存量可用控制变量、供应量以及实际量表示，基本状态方程如下：

$$X_{1,k+1} = X_{1,k} + U_{1,k} - V_{1,k}, k = 1,2,\cdots,n \tag{5-1}$$

式中，$X_{1,k+1}$ 为供应商的总库存量；$X_{1,k}$ 为供应商 k 时刻的库存量，有 n 维状态控制变量；$U_{1,k}$ 为 k 时刻的供应量；$V_{1,k}$ 为 k 时刻向生产商提供的实际量。

（2）林产品生产库存管理动态模型

$$X_{2,k+1} = X_{2,k} + P_k - V_{2,k}, k = 1,2,\cdots,n \tag{5-2}$$

式中，$X_{2,k+1}$ 为林产品生产商的总库存量；$X_{2,k}$ 为在 k 时拥有的库存量，有 n 维状态控制变量；P_k 为 k 时刻生产量；$V_{2,k}$ 为林产品生产商提供给销售商的目标产品量。

（3）林产品销售库存管理动态模型

$$X_{3,k+1} = X_{3,k} + V_{2,k} - d_{3,k}, k = 1,2,\cdots,n \tag{5-3}$$

式中，$X_{3,k+1}$ 为林产品销售商总库存量；$X_{3,k}$ 为 k 时刻销售库存量，有 n 维状态控制变量；$V_{2,k}$ 为 k 时刻林产品生产商的供给量；$d_{3,k}$ 为 k 时刻林产品销售的销售量。

建立集成林产品供应链库存基本动态模型的目的是为了在实际操作中能够清晰地掌握供应链中供、产、销库存的变化情况以便能够有效地适时控制其库存量以减少供应链的库存成本。

5.4.1.2 集成林产品供应链库存成本管理的目标函数

使目标函数得到优化才是集成林产品供应链管理的目标。通过库存和运输成本管理目标函数的确定，改变林产品在原材料供应、生产、销售中各自分立的低水平经营，影响链上供应、生产、销售中的库存水平、供应成本、运输成本、生产成本和销售成本。

（1）库存成本管理目标函数

$$M_1 = \sum_{k=0}^{N} (\boldsymbol{q}_{11}^{\mathrm{T}} X_{1,k} + \boldsymbol{q}_{12}^{\mathrm{T}} X_{2,k} + \boldsymbol{q}_{13}^{\mathrm{T}} X_{3,k}) \quad k = 1,2,\cdots,n \tag{5-4}$$

式(5-4)中，q_{11}^{T}，q_{12}^{T}，q_{13}^{T} 分别表示供应、生产、销售库存中的单位存货成本相应维数的列向量；M_1 为林产品供应链中供应、生产、销售的库存目标成本。

（2）约束条件

$$q_{11}^{\mathrm{T}}, q_{12}^{\mathrm{T}} q_{13}^{\mathrm{T}} \geqslant 0$$

$$X_{1,k} \geqslant \boldsymbol{X}_1^0, X_{2,k} \geqslant \boldsymbol{X}_2^0, X_{3,k} \geqslant \boldsymbol{X}_3^0, k = 1,2,\cdots,n$$

其中，$\boldsymbol{X}_1^0$，$\boldsymbol{X}_2^0$，$\boldsymbol{X}_3^0$ 分别表示林产品供应链中供应、生产、销售中安全库存货物量相应维数的列向量。

围绕以上所建立的林产品供应链库存成本管理目标函数为中心开展各项库存成本控制工作，具体各责任中心任务如下：

林产品生产商库存管理（总控制单元）：它往往与林产品供应链库存成本管理紧密联系，即库存成本管理工作由林产品生产商中的一个部门承担。其任务选择供应链集成控制要素和监控和协调执行的全部过程。该任务的划分有利于体现林产品生产商在林产品供应链中的核心价值作用。

满足顾客需要和顾客评价：林产品价格和能提供的服务是顾客满意和评价的直接反映，是林产品供应链集成运行效果的最终检验，而价格与库存成本有紧密的关联，以库存为集成要素供应链有效运行，势必提高林产品价格的竞争优势。另一方面，顾客的满意和评价是一个动态过程，其变化必然影响林产品供应链集成过程的调整与控制。

林产品供应链库存集成系统设计：该项任务可以由专业设计和咨询公司承担或由林产品生产商会同供应链上各企业共同设计。该项任务是在分析顾客满意和评价基础上，研发出以供应链集成的系统设计和标准。

重构库存业务流程：该项任务是在林产品供应链库存系统设计后，研究对供应商、生产商和销售商中涉及库存的各项业务流程进行再造，进一步优化确定安全库存量，目标是在确保安全库存基础上降低库存成本。

成本运行过程控制：该任务是时时关注林产品供应链执行中库存成本的运行状况，当出现库存成本上升时，分析库存成本提高的原因后将信息及时反馈给成本管理中心，管理中心提交给集成系统设计，对系统运行做出调整再调整业务流程，该过程是一个循环往复的过程，每一次往复使得林产品供应链库存控制达到一个新的水平。

5.4.2　集成林产品供应链运输成本管理的目标函数

以林产品原材料供应库存管理动态模型中供应商实际向生产商提供的实际量 $V_{1,k}$，林产品生产库存管理动态模型中生产商向销售商提供的产品量 $V_{2,k}$ 以及林产品销售库存管理动态模型中销售商的销售量 $d_{3,k}$ 可直接构建运输成本管理目标函数，其目标函数和约束条件如下：

$$M_2 = \sum_{k=0}^{N} (r_{11}^{\mathrm{T}} V_{1,k} + \boldsymbol{r}_{12}^{\mathrm{T}} V_{2,k} + \boldsymbol{r}_{13}^{\mathrm{T}} V_{3,k}) \tag{5-5}$$

式(5-5)中，r_{11}，r_{12}，r_{13} 分别表示供应、生产、销售中单位货物运输成本相应维数的列向量；$V_{1,k}$，$V_{2,k}$，$d_{3,k}$ 分别表示供应、生产、销售中货物运输量。

约束条件：

$$r_{11}, r_{12}, r_{13} \geq 0$$
$$V_{11}, V_{12}, V_{13} \geq 0$$

5.4.3 集成林产品供应链管理的目标函数

集成林产品供应链管理的目标函数由集成林产品供应链库存成本管理的目标函数和集成林产品供应链运输成本的目标函数构成。

$$M = M_1 + M_2 \tag{5-6}$$

即： $$M = \sum_{k=0}^{N} \left(\boldsymbol{q}_{11}^{\mathrm{T}} X_{1,k} + \boldsymbol{q}_{12}^{\mathrm{T}} X_{2,k} + \boldsymbol{q}_{13}^{\mathrm{T}} X_{3,k} + r_{11} V_{1,k} + r_{12} V_{2,k} + r_{13} d_{3,k} \right)$$

集成林产品供应链管理的目标函数的作用体现在预防二律背反现象出现的状态下确保库存成本和运输成本的最优化，使集成林产品供应链管理效益最优。

5.4.4 集成多级库存与运输的林产品供应链管理模型

多级库存、运输的林产品供应链集成模型图5-5中围绕林产品供应链库存、运输成本管理为中心开展各项控制工作。由于是双要素的林产品供应链集成，故比单要素集成管理的情况要复杂，需要在各项职能工作中加强对双要素的协调与控制，预防二律背反现象的发生。引入库存、运输成本控制的集成林产品供应链模型将使得林产品供应链管理实施具体化，更有效地开展林产品供应链管理。集成林产品供应链管理模型构建后，其解可利用常规的运筹学中离散确定性动态规划模型求解得到。

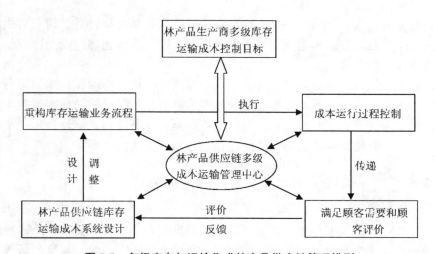

图5-5 多级库存与运输集成林产品供应链管理模型

Figure 5-5 The management model of supply chain of forest product in stock and transport

5.5　基于 Multi-Agent 的林产品供应链管理系统的组织模式与保障体系

5.5.1　林产品供应链管理系统的组织模式

组织模式是管理制度的重要内容和管理的一大要素。企业生产专业化、市场贸易的发展和规模经济等要求建立与之相适应的组织模式。因此，要充分发挥林产品供应链管理系统的管理绩效必须建立相应的组织模式。传统的企业间组织模式多数为市场交易型，它强调原材料供应商和销售商为生产商服务，风险由各自承担。比如产品一旦买断，风险也就由卖方转移到了买方。而林产品供应链管理强调供应商、生产商、销售商的利益一致，其组织模式是以参与林产品形成过程中的原材料供应、生产、销售的各主体之间的契约为纽带，明确各自的权利和义务，形成一体化的生产联盟，尽量在企业间形成无缝联系，以获得比独立行动时更协调的合作和更好的管理效果。受到合同约束的各个主体，都是供应链的"增加价值的合伙"。这里的合同与一般意义上的购销合同不同，它是指诸如企业联盟、特许经营等较为长期和稳定的紧密合作关系。这种方式也有助于消除购销渠道中各环节行动的不一致和利益的纷争。这种组织模式的基本要点在于：①林产品供应链管理组织模式的一体化运作系统是由各自独立的企业或个人通过签订协作合同组成的，合同的签订并没有改变联合各方产权的独立性。②供应链上各主体间建立紧密合作、"利益共享，风险共担"的关系。合同作为制度和法律保证来界定各利益主体间的利益分配关系。但目标不再是追求自身利益的最大化，而是追求整个供应链上的利润最大化。③各个企业是一个不可分割的整体，他们分担采购、生产、分销和销售等职能而成为一个协调发展的有机体。

林产品供应链管理组织模式的运行方式在实际运行中分为两种：林产品生产商直接与供应商（林农或商品林生产商）签订订单的形式；林产品生产企业和中间商之间的产销战略联盟形式。第一种，林产品供应商与生产商的合作中，各有分工，林产品生产商即供应链的核心企业从事林产品的研发和生产，企业根据自己生产加工产品的需要与林农或商品林生产商签订原材料供应合同。并根据合同，核心企业可向供应商发放一些生产资料及其他一些加工前和加工中的服务。如林产品物资采购、林业技术服务等，林农或商品林生产商则按照合同规定进行种植和管理森林以及按国家规定采伐，然后由核心企业按合同中约定价格方式对符合规定的林产品原材料进行收购。第二种，在生产商与销售商的合作中，林产品生产商和各级销售商利用合同作为纽带建立联盟关系。供应链中的核心企业必须对各级销售商的经营给予一定的支持和帮助，例如帮助销售商建设店面，进行商业经营方面的培训，帮助促销等业务或者也可以提供运输车辆的支持等。同时生产商从各级销售商处获取有关产品的市场信息、顾客信息及竞争对手信息等为企业的生产决策提供的可靠信息；另一方面，各级销售商也可依靠核心企业吸纳更多的适销货源，增强其在激烈竞争中的生存发展能力。由此看来，以上这两种林产品供应链管理组织模式的运行方式各有其长处，前者着重于供应商与生产商的联系，后者着重于生产商与销售商的联系，因此，这两种运行方式应结合起来运用。

在林产品供应链管理组织模式运行中，林产品供应链各节点主体分担供应链上的各个工作职能，扮演不同的角色。各主体以利益为纽带，通过合约、协商、股权等方式形成完整的产业组织体系，各节点间角色准确、权责分明、分工合作、协调一致，是使林产品供应链高效运行的保证。在林产品供应链的组织模式中，供应链上的各环节应尽的主要职责如下：①林产品供应商角色。林农与商品林生产商是林产品生产商的直接原料供应者，原料完整性、同质性、优质性的提供者。在林产品供应链运营中，它的主要功能是按照核心企业原料生产综合技术标准进行原料的生产，按供应链内部协议价格方式准时、准量地为核心企业提供符合要求的木材原料。②林产品生产商角色。林产品生产商是林产品供应链的核心主体，它在借助现代计算机信息技术收集消费者需求信息的基础上，负责开发并生产满足消费者需要的商品，同时对林产品供应链全程进行质量监控，并准时、准量、准确地为消费者进行配送；负责制定林产品供应链的发展战略与规划，并对供应商与销售商的各级中间商进行有关生产、经营管理等方面的指导；负责收集用户、销售商、替代品和竞争者的有关信息，维护和发展客户关系，保证林产品供应链有效运作，并进行供应链运营的环境协调工作；把握林产品供应链总体运行方向，为其健康持续发展营造环境、创造条件。③林产品批发商角色。具有完善的销售基础设施，充足的资金、标准化的运作方案、高效的管理手段等，批发商是现代化林产品的分销存储中心，是向林产品生产商提供覆盖服务的潜在林产品供应商。同时批发商肩负收集林产品消费者的信息，林产品的技术信息，林产品竞争的市场信息等，负责林产品的推广和销售工作。批发商通过全方位服务，相应地获取生产加工企业提供的服务费。批发商还要负责招聘、培训、管理服务队伍。批发商同时也是向中小零售终端提供管理服务的潜在供应商，通过提供电子商务、店铺宣传、品类管理、促销管理等服务，帮助林产品零售商提高他们的管理能力和运作效率。④林产品零售商角色。林产品零售商是林产品供应链直接面向消费者的窗口，也是林产品供应链生产计划制定依据的信息源，维护和提高消费者满意度与忠诚度的重要主体。在正常的供应链运作中，其主要功能是为消费者营造温馨的购物环境、提供优良的销售服务，减少顾客从购买产品到付款结账的滞留时间。宣传林产品的产地与生产厂家、加工工艺与质量保障措施、主要技术指标与安全标准，以及所用原料生产的林产品品种等，进而有效地激发消费者潜在的消费欲望；引导和促进消费，扩大林产品的有效需求；调查、研究消费者消费林产品的动机、行为、能力、偏好和趋势，并及时反馈给林产品生产企业。⑤林产品消费者角色。林产品消费者是林产品供应链的最终服务对象、运行导向和生存与发展的土壤，是最终产品的检验者。他们需要及时反应其对林产品的质量、品种、价格、包装、标志、服务方式等方面的需求，并提出合理化改进建议，从而为林产品优化提供依据。

5.5.2 林产品供应链管理系统的保障体系

林产品供应链管理系统的保障体系不仅是保证林产品供应链正常运营与获得供应链管理绩效的支撑体系。图5-6是在林产品与其供应链主要特点基础上得出的管理系统保障体系构成图。由图5-6可知，这个保障体系主要从以下六个方面进行讨论。

5.5.2.1 原材料生产基地建设

供应链管理理论认为，供应链企业的合作关系客观上要求减少供应商的数目，建立少而精的供应体系，以便于质量控制和管理，减少交易成本、提高供应链的灵活性和同步

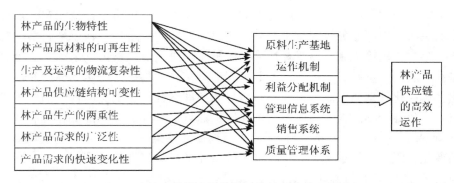

图 5-6 林产品供应链管理系统的保障体系构成

Figure 5-6 The sustainable system of supply chain management in forest product

性。但对于林产品供应链而言，林产品供应商客观上很难减少。这是由于这两个方面的原因：一是近几年集体林权制度改革的不断深化，已使集体森林资源的经营使用权划归个体农户，这在某种程度上使得原本就规模不大的林产资源经营单位更加缩小；二是我国天然林禁伐以后，林产品原材料基本来源于新中国建立以后植造的人工林，不但南北方的人工林森林资源分布不均衡，而且都不同程度地存在着需求数量缺口，这就需要广泛调动各方面的社会力量来经营林业第一产业。但从目前的情况来看，我国社会各方面力量在林业第一产业方面的投资规模都不大，而且所培育的林木基本上都是速生树种，所形成的群落内中的生物多样性单一，并不能提供广义范围内的林产品生产所需求的多种原材料。鉴于以上所述的原因，从既不破坏已有的森林资源又能满足林产工业发展需要的角度出发，建立林产品原材料生产基地是一个长远的值得实施的工程，但对于具体实施的一些障碍，也是必须考虑到的，比如面对最基本的林木生产周期长的问题，企业不可能抛弃它的最基本的利益目标追求，公益性地营造森林，所以这就有一个最本质的核心，那就是建立林产品原材料生产基地，不必要要求投资企业考虑所营造的林分的生态效益，而就按企业的期望效益去运作，至于经济效益的实现程度完全交由市场去决定。在这样的思想下，林产品生产原材料基地建设必然是纯粹的企业化运作，这就给了企业很大的投资决策空间，也在某种程度上可以透视这样一个问题，即林产工业本身并不是一个破坏生态环境的产业，使用林产品尤其是木质林产品本身没有罪，关键是人类社会如何处理好森林资源的生产与经营问题，这就有必要针对林产品原材料生产基地如何建设得更好去思考、去努力，最终达到满足林产工业可持续发展的需求。

5.5.2.2 运作机制建设

林产品供应链中的运作机制是凝结供应链上所有相关企业的一个关键因素，它主要由以下几个方面组成：第一，合作机制。林产品供应链管理合作机制体现了战略伙伴关系和企业内外资源的集成与优化利用。林产品供应链管理合作机制通过与顾客、供应商、合作者建立新的关系，并不断调整这些关系，来参与市场竞争。基于这种合作机制的产品制造过程，从产品的研究开发到投放市场，周期大大缩短，而且客户导向化（customization）程度更高，可以形成模块化、简单化的产品，标准化的林产品组件，使林产企业在多变的市场中的柔性和敏捷性显著增强，还能如同一般工业企业一样通过虚拟制造与动态联盟提高业务外包策略的利用程度。一旦供应链上的企业集成的范围扩展了，就能在一定程度上使原来的中低层次的内部业务流程重组上升到企业间的协作，这是一种更高级别的林产企业集成模式。第二，决策机制。由于林产品供应链管理决策信息不再仅来源于一个企业的内部，而是在开放的信息网络环境下，不断进行信息交换和共享，以达到林产品供应链上企业同步化、集成化计划与控制的目的。多信息源条件下林产品供应链管理的决策机制呈现如下特点：开放性、动态性、集成性和群体性，而且随着 Internet/Intranet 发展成为林产企业（包括林产品供应商、生产商、销售商）决策提供支持系统，林产企业的决策模式将会产生很大的变化，因此，处于林产品供应链中的企业的决策模式都会形成基于 Internet/Intranet 的开放性信息环境下的群体决策模式。第三，激励机制。林产品供应链的激励机制包含激励对象、激励目标、激励者、供应链绩效评价等内容。考虑到林产品供应链特点，在林产品供应链激励中，应特别重视激励机制内容中的两个组成即供应链协议和激励者（也称激励主体或委托方）。对于前者来说，现实中，由于林产品供应链中的供应商不可能纯粹由相对规模较大的商品林生产商组成，林农的个体性或者小集体性可能会减弱供应与生产之间的同盟信用，制订供应链协议的主要目的是为了加强这种联盟的稳固性。激励主体即指林产品供应链中的核心企业，它应明确站在什么角度去实现对与其相关的企业的激励，必须达到什么激励目标。为此，如何及时调整使林产品供应链管理的激励措施、多大程度上对相关企业进行改进和提高，是它的重要职责之一。第四，自律机制。林产品供应链管理覆盖了从林产品生产到林产品销售乃至林产品消费和回收的全过程，主要涉及林业生产资料供应、林产品生产、林产品物流和林产品销售等几个主要领域的综合管理。事实上，林产品供应链管理包含了林产品供应链上各个企业的经营管理活动，但它更重视供应链整体性与系统性的管理。自律机制要求林产品供应链上的企业向行业的领头企业或最具竞争力的竞争对手看齐，不断提升产品、服务质量，并通过供应链业绩评价，不断地改进和提高供应链管理水平，以使供应链上的所有相关企业能保持自己的竞争力并可持续发展。另外，自律机制还可包括对比竞争对手的自律性发展。通过与对手的对比，不但可以更好地了解竞争对手，更重要的是找出差距并立足于改革来缩小差距，增加企业信誉，提高客户满意度，提高企业乃至供应链的整体竞争力。第五，协调机制。林产品供应链管理除了需满足自身经济目标外，还需要考虑社会目标和环境目标的协调与统一。社会目标包括满足社会就业需求和顾客需要。环境目标包括保持生态与环境平衡，这是社会赋予林业以及林业产业更为重要的责任。为此，林产品生产企业肩负着保护环境的重任，构建绿色的林产品供应链是行业自身发展的需要，这已成为发展趋势。实际上经济目标的实现也包含了创造国家、地区、群体和企业的最佳利益的协调关系，其与社会目标、环境目标之间也是相辅相成的关系。林产品供应链管理协调机制的基本原则是使供应链上相关企业利益增长之间保持一种平衡状态，而且这种平衡是基于社会目标与环境目标的平衡。但应该看到保持这种平衡的长期稳定需要林产品供应链上的每一个企业给予支持，同时也需要从制度上建立约束，才能达到期望目标。

5.5.2.3 利益分配机制建设

第一，由于林产品所具有的生物特性、林木制品的需求特性以及需求趋势、政治与社会地位的特殊性，以及自然环境、社会环境、市场环境、组织模式、价格竞争、行为改变等因素的交互影响和作用，可能导致林产品供应链的运营风险以全方位的形式出现。所以，建立林产品供应链的利益分配机制是必要的。在基于合理利益分配机制的基础上，用供应链管理理论指导供应链中的上下游企业建立紧密的利益共享的合作关系才能降低以上多重风险的幅度，使林产品供应链平稳运行。第二，林业生产及其运营的"黑箱"特性也比较明显，可能造成林产品供应链中的供、产、销以及消费信息不对称，以致出现供应商的机会主义行为或"败德"行为。同时，也可能使得林产品供应链运营的可视性不好，以致生产商很难越过销售商对以后环节的物流和消费情况进行详细的了解；供应商所提供的林产品原料种类与品质难于满足消费者要求等等。因此，协调并维护生产商、供应商、销售商的合理利益，遵循个体利益服从集体利益的原则，形成"利益同盟军"，共同为最终消费者服务，提高整个林产品供应链的竞争能力是与链上各节点环节的利益分不开的。第三，林产品供应链结构有脆弱的一面，一有风险冲击易断裂瓦解，且在短时间难以重接。比如，供应商行为方式风险、价格波动风险、自然灾害风险常常导致林产品供应链频繁重组。所以，建立"利益共享，风险共担"的利益机制，才能使链上各企业会主动参与供应链的建设管理，以减少风险的干扰。

5.5.2.4 管理信息系统建设

一方面，供应链的多重风险使林产品生产商必须时刻关注原料市场的供应情况，规模较大的林产品生产企业可通过信息管理系统为每个林产品原材料供应商（包括分散的林农、商品林生产商）建立资料信息库，及时记录供应商所能提供的原料品种、数量、质量、地点等详细信息。由于林产品原料所具有的生物性以及供应的季节性使得其运输、库存、生产标准严格，比如其容易受到湿度、温度的影响，所以必须时刻注意库存量的控制及各方库存的调度，以降低物流与存储成本并快速响应市场需求的变化。另一方面，林产品的种类和款式乃至品牌都在不断增多，可替代品也大大增加，使得林产品流通渠道日益复杂，需求端呈现出高度的不确定性、敏感性和个性化趋势。消费者需求模式的演变对整个林产品生产、流通领域带来前所未有的压力。能否准确把握消费者需求并快速响应已成为林产品供应链中的相关企业生存和发展并获取竞争力的关键。因此，林产品供应链的管理信息系统应借助现代化的计算机技术及通讯技术，建立全面的信息数据库，保证能时刻调查客户的信息，并通过决策支持系统进行分析，以达到林产品供应链的有效运营。

5.5.2.5 分销体系建设

林产品多为工业用品和居家消费品，特别是居家用品具有要求更新换代强的要求，这就要求林产品生产企业通过各种渠道缩短产品从厂家转移到消费者手中的时间。随着居民收入和生活水平的提高，对林产品分销体系提出了更高的要求。消费者对价格、品质、服务等日益敏感，购买偏好和习惯也更加捉摸不定；整个林产品需求端呈现出高度的不确定性、敏感性和个性化趋势；同时林产品在销售阶段物流路径的强分散性导致了林产品生产企业对消费者信息的收集比较困难。因此，林产品生产企业必须选择适合企业特点的销售模式，采取灵活的销售策略来整合传统的销售渠道，以降低整体成本、改善物流服务，提高林产品供应链的运作效率。

5.5.2.6 质量管理体系建设

林产品生产企业质量管理体系也是林产品供应链竞争实力的一个重要方面。同时，林产品供应链与制造业的产品供应链有类似之处，即供应链上任何一个环节的产品质量问题都会影响最终产品的使用，并且在使用过程中产品的某个部分的优劣是显而易见的。所以必须从林产品供应链的整个过程来控制各环节产品的质量。林产品供应链的快速运行是以各节点企业的产品质量及服务质量保证为前提的。在林产品供应链环境下，各级林产品的质量保证将比单一企业内产品质量保证困难得多，质量问题的出现将使整个林产品供应链产生波动。一旦产生波动，整个调整过程较为复杂，协调周期长，调整成本高，这就要求在林产品供应链中建立全程的质量管理体系，将质量问题消除在问题出现之前，确保林产品供应链的稳定运行。再者，林产品生产质量和居民的生活息息相关，关系到人们的健康。一旦出现产品安全问题将影响到人们对经济和社会安全的期望，从而影响社会的长期稳定；时下林产品质量问题时有发生，政府、居民不得不花费时间和精力投入到安全性的鉴别上，这就造成了社会资源的极大浪费，降低了整个社会福利。同时林产品质量也会成为影响市场竞争秩序和制约经济发展的重大问题，所以林产品供应链的质量保证体系必须涉及供应链上的各环节林产品的生产程序、生产技术以及各工序的质量安全检验，必须是全方位的。

5.6 基于 Multi-Agent 的林产品供应链管理系统运作的策略选择

5.6.1 生产商与供应商一体化联盟策略

需求订单在联结林产品生产商与供应商以及销售商方面具有重要的作用。它们彼此之间的重要关系以林产品生产商与供应商之间的联盟最为重要，它是决定是否能满足市场需要，提高林产品市场竞争能力的基本支撑。因此，如何形成稳定的林产品生产商与供应商的联盟关系是林产品供应链构建中需要重点解决的问题。为此，在现实的林产品供应链管理中，生产商与供应商的一体化联盟可考虑依靠产品订单来联结它们彼此间的关系。但由于不可抗拒因素的存在、各种意外的可能发生，林产品供求合同并不能完全保证这种联系的稳定，所以，一方面还需要不断完善合同内容、合同签订手续以减少违约情况；另一方面，可将商品订单改为契约订单。当前在林业生产、流通领域中，可以通过制订要素契约将较为简单的商品订单变为契约订单。契约订单形式是企业租赁的一种体现，其一般的做法是生产企业可通过法律契约渗透或流转林地使用权，从而在拥有或保证完全剩余索取权和剩余控制权的基础上，雇佣林农或商品林生产商进行林业生产，种植培育企业的目标原材料。也就是说，通过要素契约，生产企业在一定程度上可以直接支配和配置林农或商品林生产商的林地和劳动力要素，并在统一的指挥和监督下组织原材料的生产。与商品契约相比，要素契约更具有直接性、长期性和稳定性的特点。这种渗透性经营是林产品生产商利用现有的技术、资金和管理优势实现低成本扩张的有效手段。

林产品生产商与林农或商品林生产商一体化的方式就是要素契约的一种方式，也是生产商支持新农村建设与发展的新型林业生产方式。这种方式可以弱化商品林生产商尤其是林农的生产风险，而从另一个角度来说，形式上似乎风险更多地转移给了生产商，但事实上生产商在与林农、商品林生产商达成要素契约的时候，它是"理性人"，契约订单是基于生产商在其生产能力、生产技术、产品需求等因素可以保证的基础上制订的，应该在制订前充分考虑到可能存在的风险。具体操作上，生产商可给出一些优惠条件，比如说可以提供贷款担保；支付流转的林地使用费等。目的是：①培养供应商。渗透性经营可使林产品生产企业与林农、商品林生产商的关系更加密切，利益更具有可视性和更能得到保证。在流转的林地租赁期间，林农或商品林生产商更能得到专业技术与管理技术的指导，生产商也能得到良好的示范推动作用。双方签约的购销契约可降低两者的交易成本和风险成本。②进行生产控制。林产品生产企业可对林产品原料的生产即生产用树木的种植进行统一安排、管理和控制，以保证原料质量安全和同质性，降低林产品原材料生产前的检测成本，减少检测时间。对质量有特殊要求，并且生产过程中含有难以把握的高端技术的林产品的生产企业尤其有利。③降低成本。通过契约性租赁经营，可以改善生产企业的投资机制，减少投资及生产风险，同时也使生产要素在林产品生产商与供应商之间得到优化配置。

5.6.2　林产品生产商与供应商的博弈策略

目前，以上讨论的契约订单正随着集体林乃至国有林林权的改革获得了发展空间，但预计在实践中，最可能出现的问题仍是违约问题，笔者认为，其主要的原因可能是契约订单不规范、签约主体改变投资方向、市场不完全信息导致的风险增大、利益分配不均衡等。因此，客观上，契约主体即林产品生产商与林产品供应商之间围绕着契约订单是存在着博弈关系的。一般来说，在林产品供应商与林产品生产商的管理博弈中，林农或商品林生产商的违约行为比较复杂，有主观违约和客观违约两种表现。主观违约指由于信息不对称，林农或商品林生产商在利益驱动下不履行或不完全履行与林产品生产企业签订的契约订单，主要有数量、质量和时间上的违约。数量上的违约指林产品供应商不按合约中规定的数量向林产品生产商出售林产品原材料，给生产商造成生产原料的不足；质量上的违约指林产品供应商不按照合约中规定的林产品原材料质量提供给林产品生产商，最终使林产品因原材料达不到合同的规定而造成林产品质量不达标；时间上的违约指林产品供应商不能在合约中规定的时间内出售符合质量要求的林产品原材料，造成原料供给不稳定。客观违约是指由于受自然条件突变、森林病虫害、火灾等不可抗拒因素导致的违约，不属于合同违约。以下从三个方面就林产品生产商与林产品供应商的博弈进行分析。

（1）签约主体

目前，根据我国的林产工业行业与林权制度改革的实际情况，对于林产品生产商与林产品供应商之间的契约订单签署主体，一般来说，林产品生产商主体不变，而林产品供应商（在本书中即林农或商品林生产商）主体在实践中可有两种形式：一种是政府作为签约主体，即生产商与当地政府统一签订契约订单后，政府再把生产任务分摊到各农户身上，在合同中仅附有林农花名册；另一种是林农与商品林生产商作为签约主体，即生产商和分散的林农、商品林生产商直接签约。以下就这两种签约主体形式进行简要分析：①政府作为签约主体。集体林权制度改革后，林农的分散性在某种程度上造成了林产品供、产双方制订契约订单的困难性，所以地方政府为了地方经济利益与分散的林农的利益，政府对契约订单的制订、执行等活动的干预行为在现实中客观存在。目前，许多地方的林产品原材料契约订单是由地方政府出面牵头落实的，一般先由厅、州、县政府与林产品生产商签订一定的原材料供应数量、质量的契约，再由政府落实到各个林户。这种签约形式是比较常见的，这是因为一方面生产商从供应保障风险与成本控制考虑会优先选择和政府部门签订合同，并且一旦出现纠纷，生产商借助地方政府的制度权容易解决问题，而农户因为力量分散，很难与集体、政府力量抗衡。另一方面，林农的个体性与分散性，使他们很少有机会接触到林产品生产商，所以靠地方政府在其中穿针引线不失为一条好出路。但是，也应该看到，政府作为签约主体，如果介入的程度过高，是存在弊端的：第一，不但会使得委托代理关系不清，而且还会产生较高的委托代理成本；第二，在林产品原材料市场中介服务组织发育程度较低的情况下，政府（主要是乡或镇政府）与买方签约、承揽契约订单，虽然有利于降低交易费用，但政府并不具有同订立的合同相适应的民事行为能力，根据《中华人民共和国合同法》和《中华人民共和国担保法》的规定，由于政府不具有法人和担保资格，政府与林产品生产企业签订的商品交易合同并不受法律保护。因此，一旦发生合同纠纷，容易造成真正当事人缺失，形成无人负责的局面。第三，通过代理人订立合同，代理人首先要获得授权，在代理权限内以被代理人的名义进行代理活动，才对被代理人产生法律后果。但现实中，地方政府和林户之间一般都不签订委托代理合同，所以易于造成地方政府签署的订单不受法律保护。②林户与商品林生产商作为签约主体。从以上林产品生产商与林产品供应商的博弈关系分析中可以看出，生产商与农户是否可以形成长期订单关系的关键是合同中违约金的大小。但增加合同中违约金的数量会涉及增加或减少谈判的成本，从而降低签订合同可能性，也难于使生产商与农户形成长期的订单关系。另一方面，林产品生产商和分散的农户签约，不但造成了较高的交易成本，也无法对农户实施有效的监督，同时农户违约时，生产商对众多的违约农户提出诉讼，一是诉讼成本高，二是难于搜集有法律证据，三是即使胜诉也难于执行。因而生产商不能通过法律手段对农户的违约行为产生有效的威慑。而道德与再次签约保证虽然对林农有一定约束，但不仅可能影响到林产品生产商收购的生产原材料的数量，也不能全面激励林农的生产积极性。但从法律的角度来说，林产品生产商与林农、商品林生产商都具有法人资格，所以双方的契约协议、订单是受法律保护的，只要长期坚持与完善必定会达到预期成果。所以从生产商的角度来说，这也不利于企业的稳定发展。

（2）林产品生产商与林产品供应商的博弈关系

在契约订单履行的过程中，签约主体可能会根据利益需要选择履约还是违约。其中生产商可能会选择的违约行为主要有：不按时收购林产品原材料、提高收购标准、压级压价、拖欠支付等。供应商可能会选择的主要违约行为有：在林产品原料中掺杂掺假、不按合同规定的操作规程进行生产，在市场价格高于合同价格时将林产品原材料私自在市场上出售。很显然，供、产双方在签约时是不完全信息的，但当林产品原料成熟后，决定是否履约前，博弈信息是完全的，所以双方构成了完全信息静态博弈即博弈双方都准确地知道对方的特征、策略空间和支付函数，博弈主体同时选择行动且只选择一次。在这个博弈中，支付函数是指在一个特定的战略组合下林产品供、产双方得到的确定或期望效用水平分布。

林户的支付函数为：

$$V_{林户} \begin{cases} P - P^*, & \text{当农户与生产商都遵守合约时；} \\ D, & \text{当农户守约，而生产商违约时；} \\ -D, & \text{当农户违约而生产商守约时；} \\ 0, & \text{当农户和生产企业都违约时。} \end{cases}$$

其中，P^* 为市场价格，P 为合同价格，D 为违约赔偿金。

生产商支付函数为：

$$V_{林户} \begin{cases} P^* - P, & \text{当农户与生产商都遵守合约时；} \\ -D, & \text{当农户守约，而生产商违约时；} \\ D, & \text{当农户违约而生产商守约时；} \\ 0, & \text{当农户和生产商都违约时。} \end{cases}$$

以上二者之间的博弈关系可用表 5-1 的博弈矩阵表示。

表 5-1 林产品生产商与林产品供应商的博弈矩阵

Table 5-1 The game matrix between forest product manufacturer and forest product supplier

供应商		生产商	
		履约	违约
	履约	$(P^* - P)$，$-(P^* - P)$	D，$-D$
	违约	$-D$，D	0，0

一般情况下，从价格的角度来分析，林产品原材料价格变化至少有两种趋势：一是市场行情好，价格上涨且高于合同价；二是市场行情不好，价格下跌且低于合同价。

由表 5-1 可知，市场行情好，$P^* > P$，无论林产品供应商采取何种策略，林产品生产商的最优策略是履约，而林产品供应商采取何种策略的关键看 $P^* - P$ 与 $-D$ 的大小比较：当 $P^* - P > -D$ 时，供应商的最优策略是履约，此时的纳什均衡为双方均履约；当 $P - P^* < -D$ 时，林产品供应商的最有策略是违约，此时双方的纳什均衡为供应商违约，生产商履约。

市场行情不好，$P > P^*$，无论生产商采取何种策略，供应商最优策略就是履约，而生产商采取何种策略的关键看 $P - P^*$ 与 $-D$ 的大小关系。当 $P - P^* > -D$ 时，林产品生产商最优策略就是履约，此时双方的纳什均衡为供应商与生产商履约；当 $P - P^* < -D$ 时，林产品生产商最优策略是违约，此时双方的纳什均衡为生产商违约，供应商履约。

在以上分析的基础上，可以得出，林产品生产商与供应商之间的博弈既可是有鞍点的博弈，也可是无鞍点的博弈。影响企林博弈均衡的要素有：市场价格 P^*、合同价格 P 和违约金 D，而市场价格是一个不以人的意志为转移的变量。人为可以改变的变量只有合同价格 P 和违约金 D。所以要使该博弈处于稳定的纳什均衡状态，有两种方法可供选择，一种是修改合同价，完全采取随行就市的价格，即 $P = P^*$，无论在什么情况下，双方都履约是博弈中的纳什均衡之一；另一种是让违约金足够大，真正起到约束博弈双方的作用。

（3）林产品生产商与林产品供应商的博弈利益协调

由以上分析可知，当市场行情好，林产品原材料市场价格上涨时，如果林产品供应商采取违约行为，林产品生产商是否诉诸法律，面临着成本与收益的权衡比较。林产品生产商可以获得的收益是林产品供应商的赔偿金，成本是诉讼费用。一般来说，在现实中，当林产品生产商的一户或几户林农时，由于林农的经济可支付能力的制约，签订契约合同时规定的违约金一般不会太大。所以，一旦出现林农违约，生产商需要支付的诉讼费用往往高于合同违约金额，生产商可能选择不起诉，而选择"沉默"，林农违约并没有受到惩罚。如果林产品供应商是具有一定规模的商品林生产商，契约合同中的违约金规定的数额一般较大，一旦出现供应商违约，生产商起诉的可能性较大。而当市场行情不好，林产品原材料价格下跌而低于合同价格时，如果生产商出现违约行为，供应商是否诉诸法律，同样面临着成本与收益的权衡。对于单个或几个林农来说，往往难以承担或不愿意承担诉讼费用而放弃起诉，难以追究违约生产商的责任。但如果林产品供应商是具有相当规模的商品林生产商，在违约金金额大于起诉费用时，那么起诉的可能性就相当大。所以，现实中，林产品供应商与林产品生产商都可能违约，无论哪方违约，都是作为理性经济人在约定条件下使自身利益最大化的理性行为。这种单方面的理性行为却破坏了集体的理性，造成合同难以履行。博弈论认为：如果一种制度安排不能满足个人理性，就不可能实行下去。而解决个人理性与集体理性之间冲突的办法不是否定个人理性，而是设计一种制度，在满足个人理性的前提下达到集体理性。因此，对契约订单中出现的违约问题不应简单地从法律意识方面来认识，而应从合同价格的经济理性去认识。对不合乎经济性的合同，即使规定处罚条款，也会因缺乏约束力或执行成本太高，而形同虚设。从目前的实际情况来看，固定价格和可变价格只适用于国家规定价格的特殊的林产品原材料，大多数由林产品供应商自由提供的林产品原材料由于市场供求关系比较松散，难于也没必要形成或制订统一价格。再说固定价格在其本质上并不能减少风险，而是使风险沿着林产品原材料物流的方向在其中的某一个环节体现而已，这也就违背了供、需双方签订合同降低市场风险的本意。因此，双方的价格没必要在合同中做出硬性规定，应朝着比较灵活双方均能够接受的方向制定。

因此，在林产品原材料契约订单中，林产品生产商与林产品供应商的利益均衡是通过林产品原材料的收购价格机制来实现的。目前在契约订单中，关于林产品原材料收购价格的规定有以下几种方式：按事先合同中规定的固定价格收购林产品原材料；当市场价格高于合同价格时按市场价格收购，当市场价格低于合同价格时按合同价格收购；采取随行就市，但不得低于某一最低价格来收购林产品原材料。

对以上表述的后两种定价方式，虽然形式不同，但都是对林产品原材料采取保护性收购，市场风险完全由林产品生产商来承担以提高卖方的履约积极性，从正常的市场运营与公平的市场竞争角度来看，这对于林产品生产商而言是不公平的，无论是供应商还是生产商，它们一样是"经济人"，再说生产商作为一个经济实体所能具有的风险承担能力也是十分有限的，不可能无限制地保证林产品供应商主要是林农"旱涝保收"。为此，建议林产品生产商在采用这两种价格方式时增加一些附加条件或有条件的优惠林农的措施，以保证不改变彼此的交易关系但能达到双方双赢的目的。这里所指的双赢即公平的"利益分享，风险共担"的无鞍点博弈，其往往需要在市场竞争中通过供、产双方的多次"博弈"才能实现。

5.6.3 林产品生产商采购策略

由前面的博弈分析可知，为了改变林产品供应商与林产品生产商的博弈均衡，可采取两种方法，但无论在什么情况下，林产品供应商与林产品生产商双方都履约只是博弈中的纳什均衡之一。以下从三方面分别对林产品生产商采购模式进行简要分析。

(1)林产品原料收购价格随行就市采购模式

在林业订单中，林产品原材料的收购价格在合同中不予规定，但要附加规定，签署合同的林户有以市场价格优先卖给生产商的义务，同样签署合同的林产品生产企业也有以市场价格优先收购林户产品的义务。采用这种随行就市的收购策略，合同签订的意义在于，林业订单的契约约束可以在一定程度上指导并约束林户按需生产，以保障生产企业获得稳定的生产资料，同时也能保证林户拥有固定的买主。

(2)培育种植大户的采购模式

为了减少林产品供应商与林产品生产商双方的风险，对于林农来说，长期的供应运作可能导致非正式组织产生，当生产商违约时，非正式组织的作用在于能够无约束地联合相关农户都不向生产商提供林产品原材料，并且可以集体出资投诉生产商；对于林产品生产商来说，可以选择性地只与种植大户签订合同，具体运作是由生产商直接和一些生产大户签订林产品原材料的购销合同即契约订单，培养核心培育种植大户，同时给予其一定的权利，一般是生产大户可以挂接一般农户，即生产商只和生产大户通过合同交易，而生产大户为了得到更多的利益，可以再和一般散户签约收购其林产品原材料来扩大自己的交货规模，提高自身的影响力。该模式对于生产商来说，节约了签约、执行和监督订单的成本。而在一般的"生产商＋林户"的组织模式中，生产商需要一对一地与每一林农签订合同，而且必须逐一监督每一份合同的履行，监督面宽且分散，履行和监督成本很高。大户介入后，生产商只需和大户签订合同，由一方对多方(散户)到一方对几方(大户)，简化了合同履行的对象和线路，降低了风险值。监督起来也比较容易。当生产大户违约时，生产商的诉讼成本随着合同数量的减少而减少，其收益会随着违约金的增多而增多。对于生产大户来说，由于挂接了散户，相当于在合作中增加了专用性投资，增强一定的实力，当生产商违约时，诉讼的可能性大大增强。同时随着生产大户规模及影响力的增强，生产商和生产大户会更加重视自己的信誉。对某一个地区而言，生产商不会太多，而有一定影响力的生产大户也不是很多，而失去一个合作伙伴，无论是生产大户把林产品原材料运往外地市场，还是生产商去外地市场采购林产品原料都会耗费巨大的林产品原材料物流成本。所以双方为了各自的长期利益会尽力采取合作的态度。再者，一般林业生产大户都有相当的实力，所以可以自己进行一些专用性的投资，同时也吸取生产商的一部分专用性投资，这样，两者之间的合同对双方都有相当的"制约"，有了"可置信的威胁"，这也增加了双方关系的稳定性。

(3)大户与散户之间的采购模式

大户与散户之间是一种传统的交易，它建立在熟人之间相互信任的基础上。费孝通教授认为"乡土社会的信用并不是对订单的重视，而是发生于对一种行为的规矩熟悉到不假思索的可靠性。彼此了解的交易双方重复进行交易，买和卖几乎同时发生，基本上不需要第三者来保证交易活动的进行。"由于大户与散户之间彼此相互了解，非常看重相互间的社会关系，存在着相互间的监督，道德约束有着极强的制约力。所以，交易双方会根据既有的价值观念、风俗习惯、道德伦理在交易过程中自动地履约，而不需要外在力量的强制。在基本无监督成本和极低的交易成本的情况下，大户和散户之间的采购交易一般来说都非常稳定。对于林农大户与散户来说，因为减少了运输成本，交易成本，提高林产品原材料交易价格也是非常可能的，同时稳定的订单也进一步增加了彼此的收益。

5.7 基于 Multi-Agent 的林产品供应链管理中的企业核心竞争力的培育

林产品供应链中的核心企业是否具有持续的核心竞争力不但关系着整条供应链的管理运作效率，更是供应链能否生存与发展的根本依赖，因此，应该倍加关注与培育。

5.7.1 供应链管理与林产品生产企业核心竞争力的关系

1990 年，C. K. Prahalad 和 Gray Hamel 在《哈佛商业评论》上提出"核心竞争力"概念之后即引起了理论界和企业界的广泛关注和讨论，研究者们从不同的角度对企业核心竞争力进行了研究和探索。目前基本形成了这样的共识：企业核心竞争力是企业组织适应市场、需求的不断变化持续保有竞争优势的积累性学习、创新能力，也即企业协调不同的生产技能和有机结合多种技能流派的学识，使企业获得长期竞争优势的源泉和基础的综合性学习、创造能力。它蕴藏在企业组织内部，具有不可模仿性、独特性、高价值性、延展性、稳定性等特点。

林产品供应链是以某一林产品生产企业为中心，把原材料供应、产品生产与加工、产品运输与存储、销售与售后服务等联系起来的松散型动态联盟。供应链管理是对市场渠道各层之间的连接的控制，是控制供应链中从原材料通过各制造节点和分销层直到最终用户的一种新的管理思想和技术。供应链管理作为一种新的管理策略，它强调供应链上各参与成员及其活动的联盟集成。实质上是对由制造商、供应商、销售商和客户组成的整体价值链的管理。它协调不同企业的目标，以增加整个供应链的效率并由此使链上的企业获得目标利润。

从企业核心竞争力的概念来看，企业核心竞争力的培育一般来说主要集中考虑企业内部环境条件和管理机制，即主要是针对企业内部资源的协调和整合，并不考虑企业外部环境及其影响。然而企业参与市场竞争所依赖的核心竞争力、整体竞争优势在市场竞争范围不断扩大、竞争日趋加剧的新经济时代背景下，不仅仅以企业自身的内部资源整合能力密切相关，而且与企业外部环境的关系也很紧密。20 世纪 50 ~ 60 年代生产商在运作策略上着力于研究如何通过扩大生产规模来降低单位生产成本以获得高利润，继而获取市场竞争优势。在这个阶段，企业的生产计划、创新、控制等主要依靠企业内部所拥有的技术力量和管理能力来完成，基本上不考虑市场上相关企业的彼此协作和共同发展，也即此阶段企业的核心竞争力培育主要在开发企业的个性优势上。80 年代，市场竞争加剧，生产制造企业开始意识到外部环境对它的影响愈来愈大，尤其是日本生产企业导入准时制生产方式

（JIT）理念并取得较好的效果后，生产制造商立即意识到提高生产效率、缩短生产周期、开发新产品和降低库存、成本等必须有相关战略合作伙伴的支持。在这个时期，供应链及其管理的思想和概念即出现了。此时，企业核心竞争力培育的范围随即扩大了，企业在培育核心竞争力时也开始关注企业的外围环境及与其相关的战略合作伙伴。20 世纪 90 年代以后，供应链及其管理快速发展，供应链扩展为由一系列供应商、生产商、销售商和消费者连接成的整体动态耦合链。很明显，在这个阶段，生产制造企业已经依靠供应链及其管理来整合外部环境资源以此提高运作效率和经济效益。因此，企业的核心竞争力培育及获取应该从两方面着手：一方面，生产制造企业通过协同内部资源，有效地实现企业预期的目标和绩效并使企业凸显个性优势，从而使企业获取并保持长期的竞争势头；另一方面，客观上企业是一个开放系统，企业作为一个有机的整体系统，它与外界必然要进行物质、能量、信息的交换。因此企业核心竞争力的产生与保持，从系统动态平衡的内涵上来讲，可将其视为企业与外部环境的物质、能量、信息有效交换下动态的系统新质。这种系统新质之所以能够产生，本质上要求企业系统内部与外部必须高度耦合、协调。因此，从系统工程的角度出发，企业内部资源的有效整合离不开外部环境的支持和保障。企业外部资源的有效整合能使企业的核心竞争力顺利产生并使其得到巩固、加强和持续发展。从以上供应链管理的发展与实践来看，供应链管理可以说是生产制造企业核心竞争力的产生与保持的外部支撑平台和有效的保障基础。

供应链管理思想主要强调以某一企业为中心，通过供应链上各节点其他企业的共同努力，使其实现与这些相关企业之间的密切合作并能以最小的成本和费用提供最大的价值和最好的服务，即将客户所需要的产品能够在准确的时间，按照准确的数量、质量和状态，送到准确的地点，并使总成本最小。这种新的管理思想是通过供应链的高效运作使企业达到降低产品成本、提高利润的目的，同时还能让客户得到超过企业投入成本的满意度。供应链及其管理的出现是市场激烈竞争的必然结果，人民生活水平的逐步提高，顾客对企业产品提出了更高要求，要求企业做到交货周期短、产品质量高、成本低和服务质量好。显然，企业只靠自身的人力、物力、财力、信息等已不能很好地适应市场发展变化的需要，更不能满足市场瞬息变化的要求。企业要想在市场中获得利润，必须想尽一切办法满足顾客要求。而在复杂的市场中，要能及时满足顾客的需求并不是一个企业轻易即能完成的，而需要与其相关的一系列供应商、物流企业、销售商的通力合作才能将顾客所需要的产品及时交到顾客手中，满足顾客需求。因此，一个具体的企业其核心竞争力要在市场中得以体现和有效，前提是必须满足顾客的需求，唯有不断满足顾客需求的竞争力才可能是持续的。21 世纪的竞争不仅仅是单个企业的竞争而是以生产商为中心的连接供应商、销售商的供应链能否高效运作的竞争，所以培育企业的核心竞争力不但要处理好企业内部问题还要考虑企业的外部关联环境，由此看来，培育林产品企业的核心竞争力应与供应链的建立与其管理联系起来且应考虑到高效运作的供应链是企业的核心竞争力产生、持续的一个有力保障。

通过以上分析可以得出的结论是，供应链管理在培育企业核心竞争力方面起着重要作用。在当今市场竞争激烈的状况下，企业核心竞争力的培育应以供应链及其管理理论为指导，有效整合企业内外资源。

5.7.2 培育林产品生产企业核心竞争力的思路

林产品生产商的竞争力是企业适应市场需求的不断变化持续保有竞争优势的积累性学习与创新能力。它蕴藏在企业组织内部，具有不可模仿性、独特性、高价值性、稳定性等特点。供应链管理强调供应链上每个参与成员及其活动的联盟集成。实质上是对由生产商、供应商、销售商和客户组成的整体价值链的管理。它能协调不同企业的目标，以增加整个供应链的效率并由此使链上的企业获得目标利润。

在复杂的市场竞争中，要能及时满足顾客的需求并不是一个林产品核心企业轻易即能完成的，而需要与其相关的一系列供应商、物流企业、销售商的通力合作才能将顾客所需要的产品及时交到顾客手中，满足顾客需求。因此，林产品生产商的核心竞争力培育应从两方面着手：一方面，林产品生产商通过协同内部资源，有效地实现企业预期的目标和绩效并使企业凸显个性优势；另一方面，由于企业是一个开放系统，林产品生产商的核心竞争力的产生与保持，本质上要求企业系统内外资源与环境必须高度协调。也就是企业内部资源的有效整合离不开外部环境的支持和保障，而企业外部资源的有效整合则能使企业产生核心竞争力并使其得到巩固、加强和持续发展。因此供应链管理可以说是林产品生产商核心竞争力的外部支撑平台和有效的保障基础。

以供应链管理思想培育林产品生产企业核心竞争力除了整合企业内部资源外，还需要分析目标企业的外部环境，分析其所处的行业竞争格局、竞争对手的现状与未来行动、考察供应链上与其紧密相关的供应商、物流企业、销售商的运营状况与合作可能性以及顾客的需求变化等等，通过分析判断这些相关因素和相关企业的实态、变化及其发展趋势，目的是客观、有针对性地找到目标企业在发展中所面临的机遇与威胁，从而有的放矢地协调、整合企业内外部资源，抓住机遇，促进企业核心竞争力的形成和提升，避免出现企业在外部环境动态性、复杂性面前束手无策的局面，提高应对瞬息万变市场的能力。

从企业核心竞争力的概念来看，企业核心竞争力的培育一般来说主要集中于考虑企业内部环境条件和管理机制，并不考虑企业外部环境及其影响。从时代发展的需要来看，林产品生产商竞争力的培育除了整合内部资源外，还需要分析其所处的行业竞争格局、竞争对手的现状与未来行动、考察以林产品生产商的供应链上的与其紧密相关的供应商、物流企业、销售商的运营状况与合作可能性以及顾客的需求变化等等，通过分析判断这些相关因素和相关企业的实态、变化及其发展趋势，才能有针对性地找到林产品生产商在发展中所面临的机遇与威胁，从而有的放矢地促进其企业核心竞争力的形成和提升，避免出现在外部环境动态性、复杂性面前束手无策的局面，提高企业应对瞬息万变市场的能力。同时又可通过持续的企业核心竞争力提升林产品生产商在国内、国际市场上的声誉并形成知名品牌，从而达到合理开发利用林业资源的目的。

5.7.3 林产品生产企业核心竞争力的培育应以供应链管理为平台

构建林产品供应链管理平台，以链上所有企业为主导的一系列相关企业的经济利益为共同目标，重视供应链管理所涉及的环节过程的建设、协调和控制是培育林产品生产企业核心竞争力的核心所在。另外，从战略上来说，林产品供应链管理不只强调核心企业本身，而且还包括供应链上一系列与其密切相关的供应商、销售商和终端客户。它必须完成林业资源培育、采伐、生产、销售直到到达终端客户的所有物流活动的协调和控制以达到降低成本、促进差异化竞争优势的形成以及形成供应链上相关若干企业共有的价值链的目的。因此，培育林产品生产商核心竞争力的供应链管理平台必然要涉及林业企业的价值链及其供应商、销售商以及企业客户的价值链，从而使林产品生产商能够通过这个平台，充分了解目标市场的变化和顾客的需求并以顾客需求为导向，整合企业内部资源，提高核心企业生产运作能力以及自身持续创造价值的能力，在为顾客带来独特的价值和利益增值的同时，逐渐促使核心竞争力形成。另一方面，林产品生产商供应链管理平台既然是以林业生产为主的涉及供应商、销售商、顾客的企业实体的集成，因此，供应链上的核心企业应特别注重与其他企业的协作，这种企业间的协作是为了维护共同利益而形成的，另外，协作效率的体现还与政府和各级职能部门的重视和支持紧密相关。首先，政府和各级职能部门尤其是林业部门、林产企业自身对培育核心竞争力的重要性要形成共识。其次，政府应为林产品生产企业的发展提供良好的外部环境，给予政策优惠。林业职能部门必须围绕能促使林产品生产企业获取核心竞争力的目标，做好必要的统筹规划和安排并及时了解国内同类企业的发展动态，供企业决策时参考。林产品核心企业本身要结合自身实态，依靠技术进步，借助供应链管理来整合、运作企业内外部资源从而使企业向着比竞争对手更有拓展的方向发展。

5.7.4 应着重培育林产品生产企业供应链管理的独特性

一般来说，林产品供应链管理所涉及的内容广泛，不仅包括林产品供应链构建的结构组成、特点、管理的目标、机制和原则，而且包括相关企业的一系列管理问题。综合以上所表述的内容，笔者认为培育林产品生产企业供应链管理的独特性应着重于以下两个方面：一方面，林产品供应链管理的独特性是区别于其他类型产品供应链管理的个性化属性。另一方面，林产品生产商的核心竞争力一旦形成就具有其他企业难以模仿或难以被竞争对手超越的特性。因此，林产品供应链管理的独特性来自于两个方面：一是通过整合企业内部资源获得；二是通过整合企业外部供应链相关资源获得。从宏观上看，这种独特性最终体现在企业独有的高产品质量、高劳动生产率、高服务水平和企业高美誉度等优势上，它是企业在长期的供应链运营管理过程中积累形成的。从微观上看，这种独特性也体现在企业内部的持续创新能力、学习能力以及企业内部组织协调、控制的管理能力等方面上。因此，林产品供应链管理独有个性的培育应注重以上所提到的两个方面，宏观与微观方面的挖掘与发展。不但要培育适合于客观实际的林产品供应链及其管理体系，而且还必须有意识地培养其独有性，使竞争对手难以模仿。通过以上分析，应该看到的是：供应链及其管理在我国林产品生产中的应用是发展我国林产品经济的关键一步，通过建立林产品供应链与进行其供应链管理可有效提高林产品生产商的核心竞争力，从而达到建立林产品供应链及其供应链管理的长远目标。

5.7.5 培育林产企业核心竞争力应构建高效的供应链平台

我国要做好绿色经济这篇文章，从战略上应重视林产品生产企业核心竞争力的培育以及与其紧密相关的供应链平台。林产品生产企业的供应链不只强调林产企业本身，而且还包括一系列与其密切相关的供应商、销售商实体和终端客户。林产企业的供应链管理是联系企业内部和企业之间主功能、基本商业过程并将其转化为有机的、高效的商业模式的管理集成。它必须完成林业资源培育、采伐、生产、销售直到到达终端客户的所有物流活动的协调和控制。按照美国供应链协会的企业供应链运作参考模式，企业建立供应链一般涉及计划、资源、制造、交付和回收，这五个过程的控制和完成直接关系着企业的经济效益。从另一角度讲，企业价值的实现涉及物流、生产、营销、售后服务以及研发、融资等一系列支持性的活动，这些活动有两个方面含义：一是降低成本、促进差异化竞争优势的形成；二是形成供应链上相关若干企业共有的价值链，它涉及林产企业的价值链及其供应商的价值链、销售商的价值链以及企业客户的价值链。企业对以上两方面的有效管理所形成的核心竞争力将成为企业持续创造价值的条件。林产企业若能基于其供应链及其管理，充分了解目标市场的变化和顾客的需求，以顾客需求为导向，整合企业内部资源，提高企业生产运作能力以及自身持续创造价值的能力，在为顾客带来独特的价值和利益增值的同时，所形成的核心竞争力将成为企业在竞争中制胜的关键。而企业培育核心竞争力的目的也是为了获取理想的经济效益，由此可见，企业培育核心竞争力与企业建立供应链其最终目标是一致的且核心竞争力的获取以供应链平台为基础和前提。供应链促进企业核心竞争力的形成主要是通过降低成本、提高综合绩效、缩短企业订单处理周期、降低库存、缩短现金循环周期、提高服务水平来达到的。因此，构建林产品生产企业供应链平台应以链上林产品生产企业为主导的一系列相关企业的经济利益为共同目标，重视供应链所涉及五个环节过程的建设、协调和控制。

另一方面，林产品的发展与地方经济息息相关，也是从根本上消除贫困，发展经济、改善人民生活水平的重要措施。林产品供应链既然是以林产品生产企业为主的涉及的包括供应商、销售商、顾客的企业实体集成，因此，林产品生产企业应特别注重与这些企业的协作，这种企业间的协作是基于并为了维护共同利益而形成的，另外，协作效率的体现还与政府和各级职能部门的重视和支持紧密相关。首先，政府和各级职能部门尤其是林业部门、林产品生产企业自身对培育企业核心竞争力的重要性要达成共识。其次，政府应为林产品生产企业的发展提供良好的外部环境，给予政策优惠。林业职能部门必须围绕能促使林产品生产企业获取核心竞争力的目标，做好必要的统筹规划和安排并及时了解国内同类企业的发展动态，供企业决策时参考。林产品生产企业本身要结合自身实态，依靠技术进步，借助供应链来整合、运作企业内外部资源从而使企业在市场竞争中处于优势地位，获取持续的相对竞争优势，向着比竞争对手更有拓展的方向发展，更有效地适应市场变化、更好地满足客户需求。

5.7.6　应着重培育林产品生产企业供应链的内涵异质性

内涵异质性是一个企业特有的、区别于其他企业的个性化属性，它是构成企业核心竞争力的重要因素，是其他企业所不能具备的能力特征。企业的核心竞争力一旦形成且具有难以模仿或难以替代的特性则能使企业在与同行业其他企业的竞争中难以被竞争对手超越，也难于被替代品生产企业所模仿或替代。基于供应链及其管理的林产品生产企业核心竞争力主要来自于两个方面：一是整合企业内部所有资源形成的竞争力；二是整合企业外部资源所形成的供应链竞争优势。从宏观上，最终体现在低生产成本以及高产品质量、高劳动生产率、高服务水平和企业信誉好等优势上，它是企业在长期的生产经营活动过程中积累形成的。从微观上，企业内部的持续创新能力以及组织持续的学习能力；企业内部组织协调、控制的管理能力；所拥有的企业技术、工艺专利；无缺陷制造和销售产品能力；质量与价值协调能力；企业文化与精神凝聚力；广告销售和售后服务能力等能迅速成为竞争对手难以模仿的优势。因此，林产品生产企业不但要顺应时代潮流，培育适合于自身客观实际的供应链体系，而且必须有意识地培养供应链体系的独有性，使竞争对手难以模仿。

例如，云南植物种类丰富，是全国植物种类最多的省份，又由于处于南北植物区系的分界过渡地带，特有植物种类更为突出多彩，野生动物的种群分布也颇为丰富。因此，在某种程度上，云南林产品生产企业的供应商具有地域上集中的优势，是云南林产品生产企业供应链形成内涵异质性的一个难以替代的基础。另外，云南处于湄公河、温尔萨江、长江上游且与泰国、越南、老挝、尼泊尔相邻，便于形成销售商网络。长期以来，云南林业长足发展的势头在某种程度上提升了云南林业的品牌，这对于潜在的消费者会有极大的吸引，这两方面也是培育云南林产品生产企业供应链内涵异质性不可缺少的优势。

通过企业的运行，人们可以感受到企业核心竞争力是企业成功经营所必需的。而核心竞争力的存在又使其无法像其他生产要素那样可以通过市场交易进行买卖。企业生产涉及设计、原材料供应、生产、物流、销售等诸多部门，各部门有其相应的职能并具有相应的能力，但这些能力不会自然形成企业的核心竞争能力，必须通过企业的组织、协调、控制等对这些资源进行有效控制和整合，才能形成企业的核心竞争能力。云南林产品生产企业在发展中，人们往往把注意力集中在采用新技术等方面。事实上，技术的创新是必要的，但对于企业来说，面对激烈的市场竞争，持续的学习、创新能力更重要。对于云南的林产品生产企业，其企业核心竞争力不仅需要新技术，更需要对企业内外部资源整合的能力，所以当前云南林产品生产企业应把构建其供应链平台放在首位以促进林产品生产企业形成核心竞争力。云南林产品生产企业一方面需要对自己的核心竞争力的构成有一个清醒认识，在组成核心竞争力的要素方面下大力气不断深化和突破，使企业竞争力持续保持和提高；另一方面，利用供应链管理思想对环境的变化进行识别，比竞争对手更早了解环境的变化，充分利用环境中各种关系和不完备状况，保证竞争优势的持续性。

6
基于 Multi-Agent 的林产品供应链管理系统模型构建

　　根据林产品供应链管理组成结构、支撑体系和管理模式等要求，基于 Multi-Agent 林产品供应链管理模型是支撑体系的重要内容，是在完善智能供应链基础上结合林产品供应链推动智能化供应链管理更进一步。

　　实现林产品供应链智能化管理是林产品供应链管理运行的发展方向，也是提高林产品供应链竞争能力的重要方面。供应链管理理论中提出的智能化供应链模型的核心是通过建立全球统一标识的网络系统实现供应链智能化管理，如库存、采购、销售以及顾客管理的智能化管理，但没有提出如何解决供应链中供应商、生产商、销售商、顾客之间以及各节点内部各部门的智能化管理问题。针对以上问题本书用供应链管理理论与 Multi-Agent 技术的结合可以较好地实现林产品供应链智能化管理的目的，当然实现这一目的需要研究林产品供应链 Multi-Agent 的组合功能、建模思想、系统原理、框架设计、通信机制、动态加载等问题。

6.1　基于 Multi-Agent 的林产品供应链的组合功能表达

　　林产品供应链涉及供应商、生产商、销售商、消费者四个方面，用单个 Agent 来体现林产品供应链的功能显然不能满足要求，用多 Multi-Agent 将 Agent 分成多个组成的 Multi-Agent System(MAS)，形成组合功能。林产品供应链重要组成 Agent 之间的功能表现在以下几个方面：

　　①交互功能　MAS 除了描述林产品供应链中客户/服务器类型的交互方式外，还可以描述林产品供应链复杂的社会交互模式：合作、协调和协商。这种功能以面向 Agent 的交互与其他软件工程有着本质的不同：它不仅可以把面向林产品供应链的 Agent 之间的交互通过更高层次的 Agent 通信语言沟通，也可以在面向 Agent 的交互知识层次上进行；而更重要的是可以使面向 Agent 的交互产生一种柔性交互，在林产品供应链管理的实际运行中通过对环境的观测来做出相应的交互。使一般林产品供应链管理的 Agent 交换基础迈向更高层次。

　　②组织功能　以 Agent 来代替林产品供应链中的组织或个人，用 Multi-Agent 系统来

反映林产品供应链组成环境，以此来确定林产品供应链中各 Agent 的各种关系，如可确定林产品供应链中的同等、上下级关系等。另一个功能可实现林产品供应链中的 Agent 系统的组织结构，实现团队、群组之间的联盟，这种联盟关系是可以将林产品供应链中的 Agent 之间的交互关系不断演化，可允许加入新 Agent，也可以解散团队中的 Agent。

③控制功能　在林产品供应链管理的 MAS 系统中由于资源的广泛性，其实体、数据和资源在物理或逻辑上是分布式的，但数据搜集和处理往往定位在单个 Agent，而实际交互中需要对单个 Agent 问题形成共同求解，以实现 MAS 的共同目标，这一过程的实现通过合理利用数据、资源分布和控制功能完成。

6.2　构建基于 Multi-Agent 的林产品供应链管理系统模型

6.2.1　基于 Multi-Agent 的林产品供应链管理系统建模思想

应用 Multi-Agent 技术进行林产品供应链管理主要基于以下考虑：①计算机科学及应用领域的发展，使得由多个 Agent 组成的 MAS 更加有能力扮演越来越重要的角色。另一方面，也由于计算平台和信息环境都是分布的、开放和异构的，计算机不再是一个独立的系统，其往往与其他的计算机及用户紧密地联系在一起。所以，计算机已经可以在许多领域完成实时控制。但由于计算机在具体领域的实时控制需要处理的信息通常超出了常规的、集中式的计算，以至于实践中可以将多个 Agent 联系起来工作。考虑到林产品供应链管理系统涉及诸多因素，因此基于 Multi-Agent 构建林产品供应链管理模型是必然的出发点。②在建立和分析人类社会中的交互模型和理论方面，MAS 扮演着重要的角色。人们以各种方式在各个层次上进行交互。为此，在建立基于 Multi-Agent 林产品供应链管理系统时，将单个的 Agent 作为系统的基本抽象单位，并赋予每一个 Agent 一定的智能，然后在 Multi-Agent 之间设置具体的交互方式，从而得到相应的林产品供应链管理系统模型。③在①、②的基础上，也就相应地规定了基于 Multi-Agent 的林产品供应链管理系统建模方法。这种建模方法是一种由上而向下（up-bottom）的建模方法，把 Agent 作为系统的基本抽象单位，采用相关的 Multi-Agent 技术，先建立组成系统的每个 Individual-Agent 模型，然后采用合适的 MAS 体系结构来组装这些个体 Agent，最终建立整个系统的管理系统模型。因为 Agent 是一种计算实体，所以最终模型就是该系统的程序模型，这个模型具有指导林产品供应链管理系统的全面或局部仿真的作用。

6.2.2　面向 Multi-Agent 的林产品供应链管理的系统分析

面向 Multi-Agent 的林产品供应链管理的系统分析，用 Agent 抽象研究系统并建立系统模型。建立的系统模型由一群 Agent 组成的 MAS，从以下三个层次来描述，如图 6-1 所示。

（1）Agent 层。由反映林产品供应链管理系统中所有的问题域和承担系统不同责任与功能的多个 Agent 组成。

（2）个体 Agent 特征模型层。反映林产品供应链管理系统中需要的单个 Agent 的结构与特征，包括其内部状态和行为规则。

（3）MAS 层。即林产品供应链管理系统中组成系统 Agent 群体所采用的体系结构，主

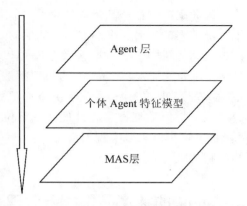

图6-1　面向 Multi-Agent 的林产品供应链管理系统层次图

Figure 6-1　Hierarchical graph of forest products supply chain management oriented toward Multi-Agent

要需要解决的问题是多个 Agent 之间的通信与协调等问题。

　　确定以上各功能 Agent 的基本原则是：围绕林产品供应链管理系统的目标以系统的物理结构作为抽象的基点，即将组成林产品供应链管理系统的每个实体都抽象为一个 Agent，由此可确定这个系统中所有 Agent，形成系统 Agent 类图，再进一步确定其中的每个Agent。单个 Agent 内部结构由三部分组成，如图 6-2 所示。一般来说，单个 Agent 的结构功能有：确定的状态；通过感应器可感知环境并根据环境调整状态；可通过效应器作用于环境。

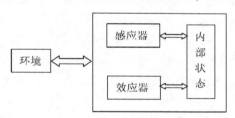

图6-2　Agent 的结构

Figure 6-2　Structure of Agent

　　在确定 Multi-Agent 的林产品供应链管理系统的体系结构中，必须处理好以下问题：

　　问题一：林产品供应链管理系统应有几个 Agent。根据系统的目标要求，确定各种Agent的总数以及确定系统运行时 Agent 的数目是否需要改变。

　　问题二：林产品供应链管理系统中 Agent 之间应采用何种通信渠道。一般来说通信渠道主要包括：传输介质(共享物理环境与数字网络)、访问(广播、面向目标、Agent 到Agent)、信息被发送后的本地化(为了交换信息，一个 Agent 可以靠近另一个 Agent)等。

　　问题三：林产品供应链管理系统中，各 Agent 之间应采用什么样的通信协议。实践中一般采用的通信方式是共享全局存储器(如黑板机制)、消息传递以及这两者的结合。

　　问题四：林产品供应链管理系统中，怎样建立 Agent 与其他相关的 Agent 之间的结构。

　　问题五：林产品供应链管理系统中，各个 Agent 之间如何协调它们的行动。

6.2.3　基于 Multi-Agent 的林产品供应链管理系统原理模型

在以上内容分析的基础上，根据林产品、林产品供应链的特点以及建立林产品供应链管理系统的目的，可以得出基于 Multi-Agent 的林产品供应链管理系统原理模型，如图 6-3 所示。

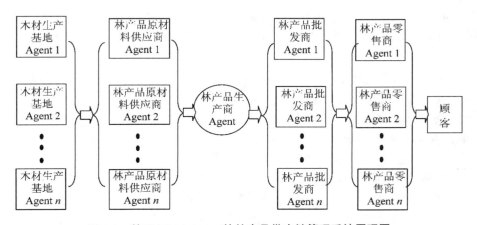

图 6-3　基于 **Multi-Agent** 的林产品供应链管理系统原理图

Figure 6-3　Schematic diagram of forest products supply chain management system based on Multi-Agent

6.3　基于 Multi-Agent 的林产品供应链管理系统结构模型

建立基于 Multi-Agent 的林产品供应链管理系统结构模型应首先对系统中每个组成 Agent 的功能进行分析。

6.3.1　林产品供应链管理系统中的组成 Agent

6.3.1.1　林产品生产商 Agent

功能（states）：对于在林产品供应链管理系统中处于核心地位的林产品生产商，它应具有的功能为：提出原材料需求量、做出采购计划、常规调度计划、应急调度计划、生产计划安排、产品质量检验、产品销售计划、接受市场信息反馈等，它处于林产品供应链的中心地位。

获取（perception）：林产品生产商在产品生产之前需得到产品需求和原材料供应的有关信息。

行为（behaviors）：在市场需求的驱动下，林产品生产商根据具体情况对整个供应链做出具体的调度安排，对其他 Agent 的加入和退出进行管理，也对 Agent 的行为和表现做出评价。

6.3.1.2　林产品供应商 Agent

功能：林产品供应商即林农或商品林生产商应具有的功能有：能为林产品生产商提供原料数量、承诺原材料的质量、年内最大的供应能力等。

获取：供应商需要接受林产品生产商的调度指令并同时给生产商反馈原材料供给的有关信息。

行为：在林产品生产商决策指令统一调配下，供应商对库存、发货等进行调整。

6.3.1.3 林产品销售商 Agent

功能：销售商是林产品面向市场与顾客接触的实体，为生产商提供销售订单，为生产商反馈市场信息，尽最大努力满足顾客需要等。

获取：销售商需要接受林产品生产商的调度指令并同时给生产商反馈市场需求的有关信息。

行为：在林产品生产商决策指令统一调配下，销售商对库存、进货等进行调整。

6.3.1.4 林产品消费者 Agent

功能：顾客是林产品供应链服务的最终对象，是其关注的焦点。

获取：顾客对林产品所产生的具有接受能力以及他们对林产品的期望。

行为：顾客的需求和愿望对林产品生产商和整个供应链产生的影响。

6.3.1.5 物流商 Agent

功能：作为林产品供应链的服务环节，是供应链运行的重要内容，它所具有的功能：提供运输、仓储、配送等能力报告和及时报告物流过程中的异常报告，报告内容包括运输能力、木材损耗等。

获取：根据物流中的实际情况向供应链上每个环节发出物流过程的异常报告，尤其是向供应链中的中心环节林产品生产商报告异常情况。

行为：将物流工作情况反馈给物流各个环节，接受林产品生产商生产计划安排，对运输等物流环节的生产计划做出必要的调整。

6.3.1.6 银行 Agent

功能：担负林产品供应链上供应商、生产商、销售商、顾客以及物流商等环节资金往来的结算任务。

获取：如果资金来往中出现异常，及时向林产品供应链上各环节提出异常报告，尤其中的是向林产品生产商报告，确保各环节资金的正常使用。

行为：资金的正常流动确保林产品供应链的顺利进行。

6.3.2 基于 Multi-Agent 的林产品供应链管理系统结构模型

在确立每一个 Agent 功能之后，可以确定基于 Multi-Agent 林产品供应链管理系统结构模型，如图 6-4 所示。

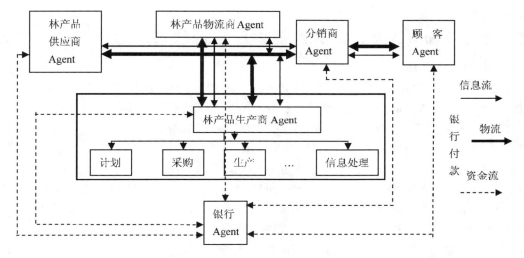

图 6-4　基于 Multi-Agent 林产品供应链管理系统结构模型

Figure 6-4　Structure model of forest products supply chain management system based on Multi-Agent

6.4　林产品供应链生产商的 Multi-Agent 结构模型

林产品供应链生产商 Multi-Agent 结构模型由一定数量的 Agent 构成，应至少包括：外部 Agent(完成与供应商、销售等的联系)、生产计划 Agent、接口 Agent、数据 Agent、学习 Agent、决策 Agent、采购 Agent、原料库 Agent、多个生产车间 Agent、成品半成品库 Agent。也需要物流商 Agent、银行 Agent 的参与。Agent 的实际数量还可以根据实际需要进行调整。基于 Multi-Agent 林产品供应链生产商结构模型如图 6-5 所示。

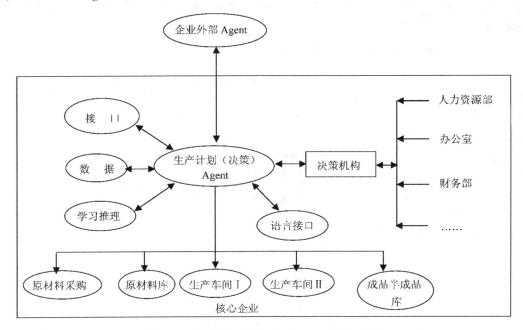

图 6-5　林产品生产商 Multi-Agent 结构模型

Figure 6-5　Multi-Agent structure model of forest products manufacturers

6.5 基于 Multi-Agent 的林产品供应链管理系统的动态加载能力组件

动态加载能力组件可为林产品供应链管理系统根据运行环境的改变而赋予 Agent 不同的功能。组件加载 Agent 功能主要提供对系统分析、系统运行、系统实施的支持，支持行为的实现来自两个方面，一是 Agent 所具有的内在本质属性决定 Agent 基本功能和类型，例如，可根据林产品供应链上生产商的内部需求或社会对通信能力的要求，Agent 可以从 Agent 功能和类型库中选择通信能力组件进行加载以满足功能要求；二是外在行为能力，该能力赋予 Agent 具有智能化，通过此能力可协调其他 Agent 完成特定目标。如林产品销售商向林产品生产商请求订单任务时，通过外在行为能力增加可视化订单交互过程，以增强双方交互时的动态监控功能，促进协调互助，提高工作绩效。在林产品供应链系统构建中重视动态加载能力组件有助于提高林产品供应链适应环境的能力。

6.6 基于 Multi-Agent 的林产品供应链管理系统的 Agent 之间的通信机制

实现 Agent 间的信息有效传递是确保林产品供应链管理系统模型有效运作的重要环节，Agent 之间的信息传递由功能 Agent 完成。供应链系统信息传递中需要信息共享、同步信息传递、异步信息传递。信息传递一是通过记录板方式，即：Agent 把信息存放在其他 Agent 能存取的记录板上，通过异步信息传递实现信息共享；二是把信息在两个 Agent 之间的直接传递实现信息的同步传递；三是由 Agent 之间将信息存放在事先约定的地方，信息存取在不同时间完成信息的异步通信。本模型所采用的 Agent 之间的通信连接方式如图 6-6 所示。

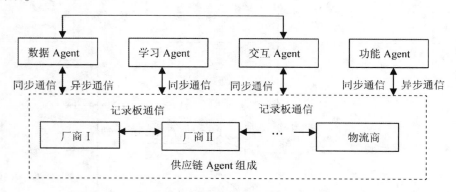

图 6-6 Agent 之间的通信机制

Figure 6-6 Communication mechanism among Agents

6.6.1　Agent 之间通信语言

Agent 之间的数据和信息交换以及共享利用可利用 KQML(knowledge query manipulation language)语言实现。

6.6.2　Agent 之间的协调

林产品供应链管理系统中，无论是供应链节点内部企业还是外部企业，每个成员都有自制性，但是整个系统中物流、信息流、资金流都在需求的拉动下在林产品供应链节点企业甚至企业内部流动。系统中的主要内容是：顾客需求的变化，通过在林产品供应链中的核心企业 Agent 的产品做出调整，核心企业 Agent 将影响对林木生产的商品林生产基地 Agent种植树种的要求，也要求林产品原材料供应商 Agent 对林产品变化需求做出快速反应，及时把林产品生产需要的原材料提供给生产商；销售商 Agent 根据林产品生产做出调整后及时对产品的促销做出调整。

7

基于 Multi-Agent 的林产品
供应链管理仿真

20 世纪 40 年代，德国科学家冯·偌依曼提出仿真概念后，美国于 1952 年成立了世界上第一个仿真学会，1963 年又创办了在仿真领域中具有权威性的学术刊物《SIMULA-TION》，至此系统仿真已逐渐成为一门独立的学科。系统仿真的本质目标是：以相似理论、控制理论和计算技术为基础，以计算机为技术手段，对现实系统和未来系统进行动态试验，以实现人们对目标系统的控制。由于系统仿真具有明显的不受场地限制、有良好的可控性、无破坏性、可重复性、缩短试验周期、节省人力、物力和财力资源、有效规避风险、对复杂系统优化设计等优良品质，因此，应用范围越来越广泛。

林产品供应链管理系统建模与仿真的目的是模拟林产品供应链管理系统运行中各节点企业之间的协作关系，不断调整林产品供应链节点企业之间的合作关系，防范不利因素影响林产品供应链管理系统运行的顺畅性，防止风险和保证供应链有效运行。另一方面，通过仿真可以达到一定的优化控制目的，比如降低林产品供应链的运行成本，提高运作效率等。在本章中，在确定了基于 Multi-Agent 的林产品供应链管理仿真系统的性质、仿真方法、仿真步骤与流程的基础上，提出了基于 Multi-Agent 的林产品供应链管理系统仿真建模思想并建立了模型，但鉴于篇幅与数据的限制，本书仅就基于 Multi-Agent 的林产品供应链管理系统的关键局部即林产品供应商与林产品生产商两个模块之间的联盟，采用 KMXFL 人造板有限公司的实践与真实数据进行了仿真。

7.1 基于 Multi-Agent 的林产品供应链管理仿真建模基础分析

7.1.1 基于 Multi-Agent 的林产品供应链管理仿真系统的性质确定

从计算机实现仿真结果的角度分析，基于 Multi-Agent 的林产品供应链管理系统仿真应包括三个基本活动：系统建模、仿真建模、仿真实验。因此，必须考虑联系这三个活动的三个要素，即系统、模型、计算机(包括硬件和软件)，其关系可用图 7-1 表示。

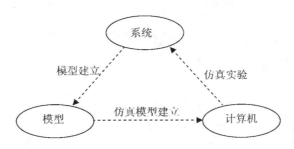

图7-1 计算机仿真三要素及三个基本活动关系图

Figure 7-1 Relation graph of three elements and activities for computer simulation

另一方面，从仿真实现的角度出发，根据系统的特征，一般可将仿真系统分为两类：连续型仿真系统和离散型仿真系统。前者属于系统状态随时间连续变化的系统，后者属于系统状态在某些随机时间点上发生离散变化的系统。由于林产品所具有的特点以及林产品供应链上的节点实体通常分布在不同地点，彼此之间在时间联系上呈现离散状态的特点，故本章中所研究的仿真系统属于离散型仿真系统并适合按离散型仿真系统的要求建模。

7.1.2 基于 Multi-Agent 的林产品供应链管理系统的仿真方法选取

一般来说，对离散型系统仿真所采用的方法通常有：事件调度法、活动扫描法、进程交互法。这三种仿真方法各有其自身使用的特点和使用范围：

（1）事件调度法针对面向事件的方法，通过定义事件集合，按照时间顺序处理所发生的一系列事件，其应用特点是建模灵活、应用范围广，但通常只适用于成分相关性小的系统仿真。

（2）活动扫描法主要强调系统由成分组成（成分包含活动），仿真是面向活动的，只有满足一定条件的活动方可进入处理程序，在仿真中活动发生的时间可作为条件之一，而且比其他条件具有优先权，它的特点主要是对成分相关性较强的系统来讲具有较强的执行效率，但仿真执行程序结构复杂，流程控制难度大。

（3）进程交互法顾名思义是面向进程的，它以临时实体为对象，建立"进程表"，然后设置"当前事件表"，用于记录当前时刻应该发生的所有事件，再设置"未来事件表"，记录其余事件。运作过程是推进仿真时钟，扫描"未来事件表"，将该时刻所有发生的事件移到"当前事件表"，把"当前事件表"中的事件与"进程表"中的事件进行匹配，激活满足进程条件的事件，并调用相应的处理程序进行处理，处理之后的事件从"当前事件表"中删除，再次推进时钟，重复执行上述过程直到所有事件处理完成。本书认为利用进程交互法作为林产品供应链的仿真建模方法较为合适，其基本理由有二：一是界面直观，模型接近实际系统，使人比较容易理解构建的模型；二是对顺序较为确定的系统，仿真程序有较高的执行效率，但需要注意的是它的控制的问题，在仿真中由于流程的复杂性会引起流程控制难度加大。

7.2 基于 Multi-Agent 的林产品供应链管理系统仿真步骤与流程

7.2.1 仿真步骤

①模型形式化处理 为了便于仿真软件 Flexsim 的使用，基于 Multi-Agent 的林产品供应链管理系统仿真模型的表达式应作形式变化，转化成适合 Flexsim 程序语言所需要的数学表达式。

②仿真建模和程序编码 采用进程交互法确定仿真模型及其仿真精度后，利用软件 Flexsim 中的程序编码为林产品供应链管理总战略模块、林产品供应商模块、林产品生产商模块、林产品销售商模块设计程序编码，每一个子模块对应一个程序子模块，并确定每个程序模块的结构参数，即确定输入和输出参数并且确定各子模块输入和输出参数之间的关系。

③仿真模型验证 对基于 Multi-Agent 的林产品供应链管理系统的仿真模型，用各子模块仿真程序进行程序调试和数据测试，子模块程序调试好后，再按照各自程序模块程序之间的数据交换关系，将四个模块组合在一起进行程序调试和数据测试。

④仿真模型实验 按照确定的仿真子模型，输入的结构参数进行仿真实验。进行参数的调整，并得出仿真结果。

⑤仿真结果分析 对仿真结果进行分析以达到两个目的，一是分析仿真结果实验的可靠性；二是把仿真数据精简、归并后为改进基于 Multi-Agent 的林产品供应链管理系统的管理决策服务。

7.2.2 仿真流程

基于 Multi-Agent 的林产品供应链管理系统仿真流程可用图 7-2 表示。在基于 Multi-Agent的林产品供应链管理系统仿真过程中，首先应确认林产品供应链管理的边界。其次，将林产品供应链管理系统中的进程划分为若干有序事件，有序事件和有序活动由核心企业即生产商确定，并将建立模型的中主动成分所发生的事件以及活动按时间顺序进行组合，从而形成进程表，一个成分一旦进入系统的进程，它将完成该进程的各项活动。仿真结束后，还应对仿真结果做出验证并不断修正仿真模型。

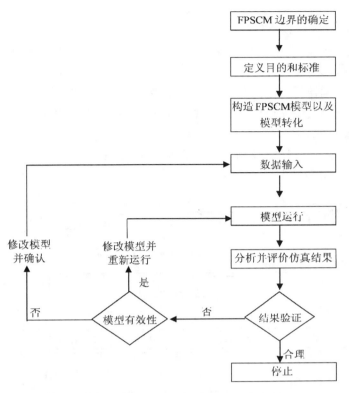

图 7-2　林产品供应链管理仿真流程框架图

Figure 7-2　Frame diagram of forest products supply chain management simulation flow

7.3　基于 Multi-Agent 的林产品供应链管理系统仿真建模

7.3.1　仿真建模思路

仿真涉及林产品供应商、林产品生产商(核心企业)、林产品销售商和顾客四者之间的交互关系，这些交互关系主要通过物流、信息流、资金流来体现，而且还存在着中间产品、成品产权转移的商流。基于 Multi-Agent 的林产品供应链管理系统的仿真建模需要通过透视供应商、生产商、销售商、顾客四者之间的多种交互关系，运用 Agent 技术展示并验证供应链管理系统运营的绩效成果。在供应商、生产商、销售商、客户这四者之间，资金流通畅与否是这个管理系统运行的必备条件；信息流通畅是保证供应链管理系统快捷实现信息共享的平台；物流在林产品供应链中表现得最为复杂，也最能反映供应链管理系统的运行绩效。所以，基于 Multi-Agent 的林产品供应链管理系统的仿真模型首先必须理顺这几个流之间的关系，才能建立模型，继而运用 Flexsim 仿真软件对这个供应链管理系统中的各个组成模块内部进行整合、调试，以达到期望目标。

7.3.2 仿真模型

图 7-3 所示的是基于 Multi-Agent 的林产品供应链管理系统仿真模型是图模型。图中，林产品生产商 Agent 模块是联盟林产品供应商模块、林产品销售商模块、客户模块的中心。由以上所表述的建模思路可知，建立这个模型，联系这四个模块之间的纽带是物流、信息流、资金流，而其中又以资金流为重，所以，在这个图模型中，增加了银行 Agent 这个模块。又由于林产品生产商 Agent 模块是中心模块，因此在这个模块下，标示出了下一级模块，即采购 Agent 模块、计划 Agent 模块、生产 Agent 模块、技术 Agent 模块、协调 Agent 模块、信息 Agent 模块等。

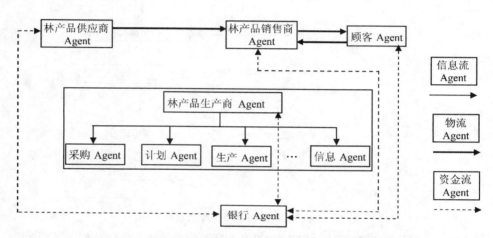

图 7-3　基于 Multi-Agent 的林产品供应链管理系统仿真模型
Figure 7-3　Simulation model of forest products supply chain management system based on Multi-Agent

7.4　基于 Multi-Agent 的林产品供应链管理系统局部仿真

鉴于基于 Multi-Agent 的林产品供应链管理系统是一个涉及至少四个子系统，多个影响因素、多个条件、多种相互关系等的复杂系统，限于篇幅，本文仅就这个系统中的林产品生产商与林产品销售商这两个模块之间的联盟与管理协调以 XFL 人造板公司的实践数据作仿真验证。如果没有特殊条件的加入与约束，这个局部的仿真在原理与逻辑上可以放大到整个基于 Multi-Agent 的林产品供应链管理系统，可以说具有示范作用。

7.4.1　进程交互法下的仿真准备

（1）形成问题及研究计划。①由林产品供应链中的生产商提出研究问题。②由生产商召开一次或多次准备会，参会者主要是林产品供应商、物流商、仿真分析员和领域专家等。主要讨论以下内容：总体目标；仿真可能存在的各种问题；确定模型范围；建模依据的系统结构；介绍仿真 Flexsim 软件；研究仿真进行的时间安排以及需要的资源；收集数据等。

（2）收集相关信息。①收集来自多方面的信息并通过专家过滤掉错误信息；规范运作流程；计算出输入的概率分布。②将信息和数据在一份"假设文档"中描绘出来并形成概念模型；③收集原有系统的绩效数据［用于步骤（6）的验证］；补充模型的细致程度；收集领域专家的意见等。

（3）确定概念模型。①模型中的元素和与之相对应的系统元素不需要完全一致；②定期与联盟团队的管理者及其他关键成员交流；③有管理者、分析员、领域专家在场的情况下，使用假设文档结构化地模拟一次概念模型，主要目的是：帮助确认模型的假设是否正确和完整；使模型易于理解和接受；做好程序系统编制工作，避免重复编写程序。

（4）构建计算机程序并验证。①用 Flexsim 编程语言或 C＋＋软件对模型进行编程；②调试仿真程序。

（5）试运行。为了进行步骤（6）的验证，执行试运行。

（6）检验编程模型的正确性。①比较模型和系统［来自步骤（2）］的绩效指标；②仿真分析员和领域专家检查模型结果的正确性；③用敏感度分析的方法确定模型参数对系统绩效影响大的参数，并谨慎地处理这些参数。

（7）设计实验。确定每个研究的系统结构的参数：①确定每次运行的时间长度；②设定每次预热期的长度；③使用不同随机数的独立仿真运行次数——构建置信区间。

（8）运行实验。进行实验以完成步骤（9）。

（9）分析输出数据。①确定系统结构的绝对绩效；②相对地比较替代系统结构。

（10）编写文档，归纳结果。①将计算机程序、研究结果整理成文档，汇报研究结果；以动画的形式向管理者和其他人员介绍模型；②讨论模型的建立和验证过程，更有利于提高模型的可信度；③检查结果的正确性和可信性。

7.4.2 进程交互法下的仿真条件确定

①系统仿真钟 TIME 的确定　应用时，首先设置系统仿真钟 TIME，以确定仿真的进程时刻。

②成分仿真钟 ta 的确定　成分仿真钟阐述在系统仿真钟具体成分运作的时刻，它与系统仿真钟构成如下关系：ta＞TIME；ta＝TIME；ta＜TIME。

③条件测试模块 Da(s) 的确定　条件测试模块 Da(s) 用来当系统仿真钟推进到某一时刻时，对每一成分事件进行判断。如果该事件的条件已满足，则 Da(s)＝true，则对该事件处理，并记录事件发生状态的变化；如果不满足，则不进行处理，该事件继续留在事件表中，等待下次系统仿真钟推进时再进行判断和测试。

④将来时间表 FEL(future events list) 的确定　用将来时间表记录林产品供应链管理系统仿真中某个时刻发生事件的事件记录。当仿真钟推进时将所有成分的事件记录放入未来事件表中，在仿真推进过程中逐渐从其中某些成分转移到当前时间表中进行处理。

⑤当前时间表 CEL(current event list) 的确定　当前时间点开始对林产品供应链事件有资格执行的记录，将符合条件的事件从未来事件表中移到当前时间表中依次进行处理，判断的条件是：ta＝TIME；

⑥进程表的确定　在林产品供应链管理系统或其局部的仿真中，需要时时关注事件

83

和活动的关系，将时间与活动按时间顺序进行组合，一个成分一旦进入程序，在条件允许的情况下，将完成该进程的全部过程，这种进程是交替进行的，结束有时间上的差异。这种方法较为符合基于 Multi-Agent 的林产品供应链管理系统仿真的逻辑思维，但需要注意的是做好由于暂时不能满足条件而必须暂停推进的断点的记录，在以后推进时再进行处理。

7.4.3　Flexsim 下的交互进程法仿真实现

图 7-4 表示基于 Multi-Agent 的林产品供应链管理系统中的林产品供应商与林产品生产商联盟模块的仿真控制模型。在这个模型中，仿真系统状态可分为空闲、繁忙、阻塞或停机，事件则有用户订单到达、原材料移动、产品生产加工、在制品厂内厂外运输、信息共享等。仿真模型中被加工的实体通常为用户、文书工作、绘图、任务、电话、电子信息等等。这些实体需要经过一系列的加工、等待和运输步骤，即通过供应链操作流程。过程中的每一步都可能需要占用一个或多个资源，例如文书、绘图、操作员、电子信息、原材料移动等。这些资源有些是固定的，有些是可移动的。

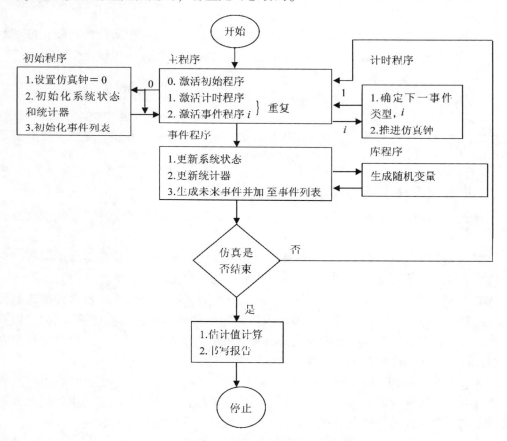

图 7-4　生产商与供应商联盟模块的仿真控制模型

Figure 7-4　Simulative control model of alliance module between manufacturers and suppliers

（1）首选设定初始程序：仿真从零开始，初始化设定系统状态和统计器为 0，列出初始化事件表。

（2）运行主程序：包括两个部分，激活初始程序和激活计时程序，主程序将激活计时程序以确定最先发生的事件，系统运行后确定下一事件类型和确定推进仿真钟。

（3）在事件程序中，按照系统运行后，不断更新系统状态和更新统计器，并将生成的未来事件加入到事件表中待处理。

（4）通过仿真运行，不断进行判断，确定是否要输出的结果，如不是则返回到第（2）步运行；如果运行完成，则输出结果和打出结果报告。

7.4.4　仿真实例

7.4.4.1　XFL 人造板有限公司简介

XFL 人造板有限公司（以下简称 XFL 公司）的前身是一个木材厂，始建于 20 世纪 50 年代，公司占地 170 多亩，总资产过亿元，拥有各类专业技术人员百余人。是全国木材综合加工的重点骨干企业之一。近年来，公司加快了技术改造步伐，大力开展木材综合利用，紧跟世界林产工业的发展潮流，先后从欧美各国引进人造板、家具制造技术和设备，开发出一系列特色产品。

7.4.4.2　Flexsim 下的林产品供应链仿真

（1）XFL 公司与供应商联盟的供应模型描述

本实验选取的限定条件是林产品供应链中原材料供应商到生产商联盟关系仿真。实验选定分布在不同地点的 A 点、B 点和 C 点为供应商向林产品生产商 XFL 公司提供原材料，模型描述条件：当生产商的库存量小于 70m³ 时开始供应，库存大于 200m³ 时停止供应。A 点和 B 点场分别以 40 小时 10m³ 的效率向生产商仓库输送原材料；C 点提供每 10m³ 原材料的时间服从 30～60 小时均匀分布。同时，生产商的消耗速度对于 A 点、B 点和 C 点供应商均为 30～80 小时每 10m³ 的均匀分布。其模型如图 7-5 所示。

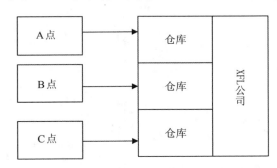

图 7-5　原材料供应商向生产商输送模型结构图

Figure 7-5　Frame diagram of delivery model from material suppliers to manufacturers

（2）建立林产品 Flexsim 仿真模型

图 7-6 是该模型的分布示意图。

供应商和生产商可以分别在不同的地区，Flexsim 为仿真提供一个 GUI（用户图形界面），在选中图标中的供应商或生产商后点击鼠标右键，可显示如图 7-6 的界面，根据需要定制显示变量和参数，实验中还用另外一种方法可达到同样的目的，即通过"创建/编辑标签表"来完成，通过在标题栏选择将标签当作一个二维表使用，打开表编辑视窗以表格形式编辑标签，运行过程中获取和设定此表中的值，具体操作方法是用 gettablenum( )和 settablenum( )命令完成的，作为 label( )命令第一个参数传递一个引用给标签。将指定的供应商昆明海口林场、保山西桂林场和思茅绿源林场的实体类型设定为指定值 1，2，3，用 setlabelnum(object, labelname, value)这里的 object 定义供应商或生产商实体。具体的标签值的获取的定义 C + +命令如下：

setlabelnum(gongyinglian, "kucun", 50);

setlabelnum(gongyinglian, "gongyingliang", 0);

setlabelnum(gongyinglian, "from_ gongyingshang1", 0);

setlabelnum(gongyinglian, "from_ gongyingshang2", 0);

setlabelnum(gongyinglian, "from_ gongyingshang3", 0);

setlabelnum(gongyinglian, "to_ shengchanshang", 0);

在对供应商和生产商定义后的任务是制定两者的 GUI 界面如下图 7-6 所示：图的左边是已有的控件，以及编辑了控件的对话框；右边是设计窗口，将左边窗口中的控件拖入设计窗口中进行排列编辑等，使控件的参数与标签值产生联系，这种联系用冷链接(coldlink)，当然也可以用热链接(hotlink)完成，需要注意的是冷链接后需要点击应用或确定之后界面才会生效(而热链接则是当用户修改参数后，数值马上就可以传递给标签)。

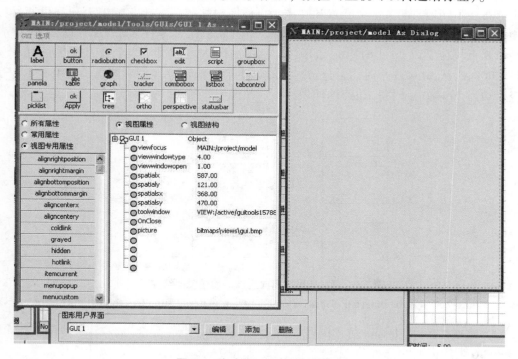

图 7-6 自定义 GUI 的设计界面

Figure 7-6 Design interface of self-defined GUI

原材料供应商和生产商的关系用图 7-6 中拉动 obiect 标签则形成如图 7-7 所示的表示图，在图 7-7 中一目了然地反映对应的昆明海口林场和生产商的对应材料库存关系，特点是只需改变参数可得到不同的仿真和具有良好的人机界面，其他仿真关系可类似操作。

该界面编制时，应当注意问题是 Flexsim 中定义的语法格式：

@：该符号指向当前节点的所属视图，这里指的就是当前被编辑的 GUI 界面；

>：该符号指向对象的属性节点；

+：该符号连接两个字符串，通常是寻找的路径；

/：该符号指向当前节点的子节点树；

‥：该符号指向当前节点的父节点，即上一层节点。

界面定制完成之后，在选定的供应商和生产商实体（会出现一个红色的选框）联系（联系的方法便是在图 7-6 设计自定义用户对话框的左边的下拉菜单中的"将此 GUI 复制到选中的 GUI 中"，然后再次双击该实体时，就会弹出图 7-7 所示的对话参数）。

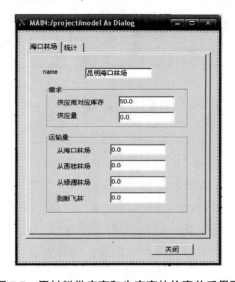

图 7-7 原材料供应商和生产商的仿真关系界面

Figure 7-7 Simulation interface of relationship between material suppliers and manufacturers

（3）仿真检验

在 Flexsim 建立的模型完成后，对其进行编译、重置和运行，并分析数据。在数据分析之后让模型运行一段的时间，检查是否出现瓶颈或资源浪费现象，否则进行修改和调整。

图 7-8 是编译之后运行 427s 时双击 gongyingshang1 弹出的自制的参数对话框的截图。

图 7-8　运行过程的供应商的截图

Figure 7-8　Screen capture images of suppliers in operating

从当前的窗口中看到，供应商的参变量随着时间的变化而发生变化，这个动态的窗口仿佛置身供货商与生产商现场交易一般，清晰明了。检验中用到数据分析工具有：

①实验控制器。主要目的是掌握时间的控制，仿真中总时间的控制。

②实体分析。在分析时，选中实体(出现红色边框)对实体进行数据分析，使输入的数据在该对话框中显示出来。

③类似实体分析。从 Flexsim 中选中需要的供应商实体进行分析，所选中的实体都有红色边框。

④全部数据进行分析完后。拉下统计菜单生成数据报告，用以对全部的数据进行输出分析，实例如图 7-9 所示。

在以上分析和准备完成之后，给定 48 小时的模型进行数据输出的操作。首先点开统计菜单下的标准报告，其次选择需要显示在报告中的变量，此处选择的变量有：stats_ content(当前容量)、stats_ contentmin(最小容量)、stats_ contentmax(最大容量)、stats_ contentavg(平均容量)、stats_ input(输入量)、stats_ output(输出量)、stats_ staytimemin (最小停留时间)、stats_ staytimemax(最大停留时间)、processing(当前处理时间)、waiting_ for_ operator(等待处理时间)等等，其结果如下图 7-9 所示。

	D3		▼	fx	stats_contentmin						
	A	B	C	D	E	F	G	H	I	J	K
1	Flexsim Standard Report										
2	Time:	2047.505									
3	Object	stats_con	stats_con	stats_con	stats_con	stats_inp	stats_out	stats_sta	processir	waiting for operator	
4	haikoulinchang	37	0	100	74	0	111	0	1997.15	0	
5	xiguilinchang	34	0	100	78.5	0	123	0	2020.91	0	
6	lvyuanlinchang	39	0	100	78	0	117	0	2038	0	
7	xinfeilin	160	0	200	128.2243	511	351	0	2009	0	

图7-9 标准报告生成

Figure 7-9 Generation of standard report

图 7-9 中，重要的是输入输出的数据，它是仿真模拟的关键数据。本仿真模拟实验采用在昆明海口、保山西桂、思茅绿源林场、XFL 公司提供的供产数据，数据真实，其实验结果可靠且经检验实验结果与实际对比在允许的误差范围之内。

8 基于 Multi-Agent 的林产品 供应链成本管理与控制

供应链管理的目的之一就是降低整个供应链的运营与管理成本，在提高供应链竞争力的同时获取盈利，故供应链成本管理在供应链中具有举足轻重的地位。供应链成本管理与供应链中的单个企业的成本管理有着一定的承接性关系。鉴于基于 Multi-Agent 的林产品供应链的特性，其供应链的总成本主要由林产品供应商、生产商、销售商的运营成本加总组成。

8.1 传统单个企业的成本管理

传统单个企业的成本管理是供应链成本管理的基础。传统单个企业成本管理在实际应用中由于具有一些特点而受到理论界和实践者的重视。这些特点有以下几点：①计算发生的费用较为全面，是一个工厂制造和推销其产品时所发生的一切费用总数。②以货币衡量成本使得计算较为精确，是为获取财货或劳务而支付的现金或专业的其他资产、发行股票、提供劳务或发生负债，而以货币衡量的数额。③有相应的国家标准，即：按国家规定的成本核算方法进行核算，并在企业财务账面上反映的成本。该成本的核算是以产品为对象，可以正确计算各种产品的成本，以便进行成本核算和考核。④在以企业决策为中心前提下，成本管理可以进行成本预测和成本控制。传统的成本管理在单个企业实践中取得一定的效果，但单个企业的成本与管理是不能完全移植到供应链成本管理中的，是由供应链成本管理复杂性决定的。

8.2 基于 Multi-Agent 的林产品供应链的成本管理构成

从企业管理延续和发展角度看，供应链成本管理在继承传统单个企业成本管理的基础上，从某种意义上代表了现代企业的成本管理。但供应连成本管理涉及对传统企业管理成本的继承和反思，所以在范畴界定、管理思想、管理方法等内容上有新的不同。首先，是对供应链成本的界定。例如，Stefarn Seuring 在总结传统成本的直接成本和间接成本以及作业成本法的基础上，从三个层面上对供应链成本构成进行了界定，认为包括：直接成本（主要包括原材料、人工费用和及其成本）、作业成本（在制造和配送产品到客户的管理活动过程中发生的费用)和交易成本(包括所有与供应商和客户处理信息和通信的所有活动而发生费用)。纪作哲教授认为供应链成本应包括：所发生的一切物料成本、劳动力成本、运输成本、设备成本和其他变动成本。笔者认为可将供应链成本构成划分为三个层次：以供应链中的物流、资金流、信息流为贯穿主线划分供应链成本，如图8-1所示。其中物流成本主要指实体流动所发生直接相关的所有费用；资金流成本指各节点企业各种融资成本和持有资金的成本；信息流成本指沟通与协调所花费的成本。

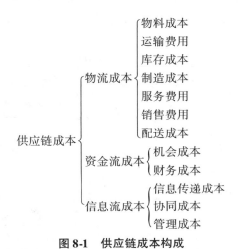

图 8-1 供应链成本构成

Figure 8-1 Structure of supply chain cost

8.3 基于 Multi-Agent 的林产品供应链的成本管理与控制系统

8.3.1 成本管理与控制的原则与方法

本书采用成本节约化管理原则进行总体的管理与控制指导，该要求在整条供应链中不仅仅需要节省各个环节节点所需的直接材料，更需要控制供应链环节上的运作效率，实行准时生产和精益生产，实现各环节作业上的无缝连接，追求供应、生产、销售中的零库存，最大限度地实现成本节约。

在成本节约化管理原则的约束下，鉴于林产品供应链的特点，本书主张采用作业成本法进行管理与控制较为合适。为此，首先应明晰林产品供应链中的价值链，即在明确各节点企业内部的价值关系以及供应链上节点企业之间的价值联系的前提下，促使各节点企业重视企业内部成本管理和相关企业彼此间的成本控制与协调，更重视企业外部的集成。其次，通过供应链中各节点环节(原材料的供给、产品开发设计、生产、存储、配送销售以及售后服务等)价值增值活动的成本分析，实现消除成本浪费环节或对不增值的环节实行增值活动；改进供应链中作业水平；开发各项作业的潜能；压缩不必要的时间和成本；尽可能消除作业链中不增值的作业环节；达到合理的各项作业的成本目标。

在实践中运用成本作业法应注意以下几个要点：①用"过程观"来认识林产品供应链中

的价值增值和各作业之间的关系；识别不必要的作业；分析重要作业；同作业流程标杆进行比较分析以寻找非增值作业根源。②缩小林产品供应链成本中的间接分配范围，通过细化间接费用分配标准，更准确地对间接费用进行分配。③建立业绩计量评价体系；建立供应链成本控制的 PDCA（计划、实施、检查、行为）循环。

8.3.2　成本管理与控制系统的层次分析

供应链的成本管理与控制也可划分为事前、事中、事后的管理控制，就基于 Multi-Agent的林产品供应链管理系统来说，这三个层次包含的主要内容如图8-2 所示。

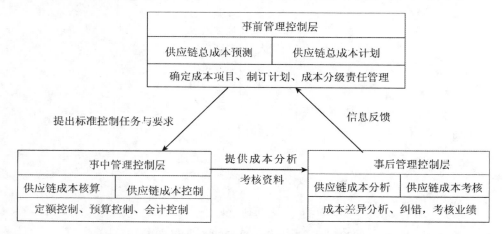

图8-2　事前成本、事中成本、事后成本管理控制层关系图

Figure 8-2　Relation graph of cost management control layer

①事前成本管理控制层　对林产品生产商成本管理与控制的形成具有导向作用，做好事前管理控制，把损失和浪费消灭在发生之前，做到防患于未然。

②事中成本管理控制层　以事前管理控制层所制定的成本管理控制标准为目标，通过职能部门成本责任中心，对经营所发生的损耗及时分析，查找实际成本与标准成本之间的差异，追究差异产生的原因，采取有效措施，责任落实到位，依据标准进行管理控制。

③事后管理控制层次　该层次是在事前、事中成本管理控制的基础上，定期总结过去各成本责任中心在成本控制上的成绩与问题。事后成本控制所采取的成本价差、成本分析和考核等方法，具有很强的综合性和针对性。该层次另一个作用是控制结果的信息可反馈给下一个生产经营周期，为以后生产经营活动的事前成本控制提供重要信息。

8.3.3　成本管理与控制系统的属性分析

林产品供应链成本管理控制系统的属性具体表现在以下三个方面：①市场属性。确立以市场为导向的竞争战略，以市场所认可的成本水平为林产品供应链成本控制目标；明确林产品供应链成本整体战略定位，尤其是核心企业的成本战略定位从而确定供应链节点企业的成本战略定位，为整体成本控制奠定基础；由于供应链上节点企业的经济独立性，在设定成本目标时，不仅要设定市场认可的最终产品成本目标，而且还要把最终目标分解到各节点企业成本目标的控制上。②过程属性。在市场竞争中，林产品供应链成本控制不再停留在管理的静态性，而是动态地把握业务过程的管理，通过对业务过程的价值增值分析，识别出非增值的无关作业过程链并加以改善，成本控制反映出过程属性的要求。作业过程包括了时间和空间两个方面的属性，时间上包括了从林产品供应链产品设计、生产直到回收的产品的全生命周期；空间上则要求实现涵盖了外购、生产、配送、营销等各个业务环节的作业链的优化与无缝连接。③组织属性。林产品供应链成本控制以供应链中核心企业为主的成本控制的组织形式来实现供应链整体成本控制的目标，这样的组织形式有利于与动态业务过程相适应的成本控制，比较有效地把单个企业追求的成本控制目标与供应链整体成本控制目标协调统一起来，有利于加强企业间的合作，打破传统林业企业成本控制束缚，建立起新的成本控制的组织形式。

8.3.4　成本管理与控制系统的特点分析

①满足分布性多样化成本信息的高效获取　林产品供应链的构成涉及林产品生命全周期，涵盖企业经营的全过程，是一个复杂的供需网络。从原材料供应、林产品设计、生产、仓储、销售以及客户所处的地域有较大的跨度，同时也涉及不同类型的企业参与，这决定了林产品供应链成本信息来源的分布性和多样性。成本信息不仅包括了生产、设计、配送、服务等成本信息具有的价值属性，而且包括了时间、作业、质量等其他属性，所以说林产品供应链信息是多维的成本信息，它需要有具备支持分布性、多样性成本信息高效获取的能力。

②具备支持群体性与分布性集体决策的机制　林产品供应链是一个分布式、敏捷性多主体决策系统。按照分布性要求，供应链成本管理是分布式的集体决策过程。敏捷性要求则是只有分布式决策才能以最快的速度满足市场对林产品的要求。林产品供应链上的节点企业成本控制整体利益和单个企业成本利益发生冲突时需要通过协调机制和冲突解决机制来支持集体决策。所以林产品供应链成本控制需要具备支持群体性和分布性集体决策的能力。

③具备支持复杂的并行信息传递的能力　林产品供应链的信息传递不是沿着企业内部的阶梯结构传递，而是沿着供应链上不同节点方向（网络结构）传递。为了使供应链做到同步化运行，供应链上企业之间需要频繁交换信息且信息量大，必须采用并行化的信息传递模式处理。因此，在构建林产品供应链成本控制体系需要考虑复杂信息传递的并行能力。

④供应链成本的可重购性　由于现代市场的竞争激烈导致节点企业的构成经常发生变化，势必造成林产品供应链组成的动态性，林产品供应链成本控制体系必须随供应链结构的变化而变化，适应动态性的要求，即具备良好的可重构性。

8.3.5　成本管理与控制系统操作的业务流程

在确定了林产品供应链管理的竞争战略、择定了以林产品供应链核心企业为中心的上游、下游相关节点企业的前提下，可以得出成本管理控制系统操作的业务流程，如图8-3所示。

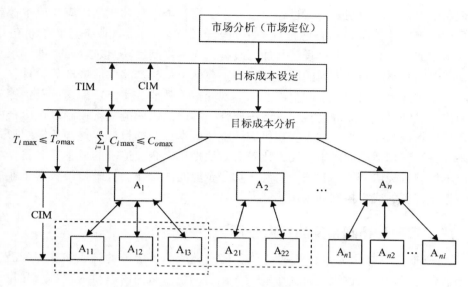

图 8-3　成本控制系统操作的业务流程图

Figure 8-3　Operation flow chart of cost management and control system operation

图中，A_i：表示林产品供应链上的主作业，$i = 1$，2，$\cdots$，n；A_{ij}：表示第 i 个作业的下一级子作业，$i = 1$，2，$\cdots$，n；$j = 1$，2，$\cdots$，n；TIM：表示时间目标约束；TOM：分解所得各作业中最长的作业时间；COM：设定的最大目标成本值；CIM：分解所得各子作业的最大可能目标成本值。每个虚线框代表一个节点企业，对多个企业参与的作业进一步分解，确保每一个部分都得到有效控制。

（1）市场分析（市场定位）

在前面企业战略定位分析的基础上，林产品供应链通过核心企业（生产商）分析市场需求，结合供应链整体优化的企业战略组合和供应链运作的实际状况，确定基本的林产品概念，包括林产品的市场定位、基本功能要求、特点、质量要求、生命周期、市场需求等。市场分析能帮助优化林产品供应链结构性成本动因，为后面的成本控制打下良好基础，是林产品供应链成本控制的起点。

（2）目标成本设定

根据林产品供应链成本体系构建特点，其目标成本可采用市场定价和企业定价相结合的折中方法来确定，以实现林产品供应链最终总产品目标利润达到的成本目标值。市场定位采用两种办法，一是利用市场分析结合林产品经营战略等因素估算能被市场接受的产品价格，用此价格减去期望的利润就达到目标成本。另一种是采用标杆法，通过选取与林产品供应链产品相近的在市场上占领先地位的产品作为标杆，分析其利润水平，用市场价格减去可能的利润水平，得到林产品目标成本。林产品供应链的市场定价可以将以上两种办法结合起来。以林产品供应链上的核心企业历史成本数据或现实的数据为基准，结合市场需求以及企业的基本产品理念和产品生命周期等因素来设定时间目标约束 TOM 和质量要求等因素来设定林产品供应链可行的供应链目标成本，形成企业定价。林产品供应链的目标成本通过将市场定价和企业定价有机地结合起来，可能制定出一个可行的目标成本。

（3）目标成本分解

林产品供应链成本控制体系的目标成本分解就是根据供应链的整体目标成本和时间约束要求，对目标成本和时间约束进行分解，形成一个有层次带时间约束的成本层次结构。目标成本分解可采用以下两种办法。

作业分解：根据林产品供应链业务流程分析所得作业链对目标成本进行分解，将目标成本分解成多层次的子成本目标。在该方法应用时需要考虑价值链、作业分析、成本动因等多种因素。具体做法是利用价值链确定林产品供应链基本的作业活动，然后对基本作业活动进行作业分析，再用价值链逆流而上的方法，按单一流向，逐级分解（合并）作业单元，得到一个作业过程组成的作业链。用鱼刺法对林产品供应链中核心企业（生产商）原材料采购活动的分解，如图 8-4 所示。

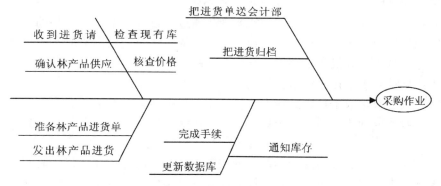

图 8-4　林产品供应链核心企业原材料采购活动分解

Figure 8-4　Decomposition graph of core enterprises material purchase on forest products supply chain

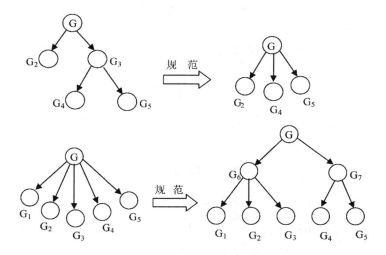

图 8-5　目标分解规划图

Figure 8-5　Planning graph of target decomposition

粒度分解：林产品供应链按照粒度分解原则把供应链层面上的作业分解到企业级。单个企业的作业分解由林产品供应链各企业自行分解到各责任成本中心。以上两种分解原则的结合使林产品供应链成本控制做到责任清楚和有利于对供应链上各节点企业的绩效进行评价。

林产品供应链成本总控制目标按照作业链分解后形成一个具有两种关系的树状层次结构。总目标成本是树根，子目标就是树结构的树叶，用 OR 或 AND 表示之间的逻辑关系。结构示意图 8-5 表示分解后的合并关系。

对目标成本树结构规范化后有以下要求：①子成本目标集的所有约束条件可取值空间要小于或等于其总目标成本所形成的可取空间；②分解的目标集中不存在多余目标，即不存在相互包含的目标。③目标约束必须保持一致，即整个成本目标树的所有约束条件之间不存在冲突，这样目标才能是满足的。

8.3.6 成本管理与控制系统的目标成本实现

林产品供应链目标成本管理与控制的实现是通过在目标成本分解的基础上自下向上的逐层逆向实现目标成本树上子目标的过程。实施过程中还是利用作业成本法在分解后的作业链对作业进行分析，寻找成本动因，结合林产品供应链运营中时间约束和质量约束以及资源消耗等数据计算出子作业成本，将此成本与子目标成本进行比较，如果大于子目标成本的，通过改进寻找达成子目标的新方法；等于子目标的，子目标可以顺利实现；小于子目标的，作为新达成的子目标。各子目标实现后再继续逆向向上直至最后达到总成本目标的实现。

林产品供应链成本管理与控制体系中的关键点就是如何考虑在质量、时间有约束的条件作业成本计算中建立一个供应链成本控制模型。这个模型如数学表达式（8-1）至式（8-9）所示：应充分考虑时间、质量、成本后的林产品供应链管理总成本。

$$\text{minimax} \, T = \sum_{i,j}^{M} T_{ij} X_{ij} \tag{8-1}$$

$$\min C_o = \sum_{i,j}^{M} \sum_{k}^{Q_y} (A_{ijk} y_{ijk} T_{ijk} + Y_{ijk} B_{ijk}) \tag{8-2}$$

$$\sum_{k=2}^{M} X_{lk} = 1 \qquad \sum_{k=2}^{M} X_{km} = 1 \tag{8-3}$$

$$\sum_{i=1}^{M} X_{ik} - \sum_{j=1}^{M} X_{kj} = 0 (k = 2,3,\cdots,M-1) \tag{8-4}$$

$$A_{ijk} = (C'_{ijk} - C_{ijk})/(t'_{ijk} - t_{ijk})(i,j = 1,2,\cdots,M;k = 1,2,\cdots,Q_{ij}) \tag{8-5}$$

$$B_{ijk} = C'_{ijk} - A_{ijk} t'_{ijk}(i,j = 1,2,\cdots,M;k = 1,2,\cdots,Q_{ij}) \tag{8-6}$$

$$\sum_{k=1}^{Q_{ijk}} Y_{ijk} \geq 1 (i,j = 1,2,\cdots,M) \tag{8-7}$$

$$T_{ij} = \max\{y_{ijk} T_{ijk}, i,j = 1,2,\cdots,M;k = 1,2,\cdots,Q_{ij}\} \tag{8-8}$$

$$t_{ijk} \geq T_{ijk} \geq t'_{ijk}(i,j = 1,2,\cdots,M;k = 1,2,\cdots,Q_{ij}) \tag{8-9}$$

式中：T 为供应链作业过程完成的时间；C_o 为兼顾质量考虑的供应链作业成本；M 为供应链上节点数；T_{ij} 为完成作业(i,j)所需要的时间；X_{ij} 为辅助变量 0 或 1；Q_{ij} 为活动(i,j)质量等级数；A_{ijk} 为活动(i,j)的相应于第 k 个质量等级的成本—时间曲线的斜率；B_{ijk} 为活动(i,j)的相应于第 k 个质量等级的成本—时间曲线的截距；Y_{ijk} 为辅助变量 0 或 1；T_{ijk} 为以

第 k 个质量等级完成活动 (i, j) 所需的时间；t_{ijk} 为以第 k 个质量等级完成活动 (i, j) 所需的"正常"时间；t'_{ijk} 为以第 k 个质量等级完成活动 (i, j) 所需的"应急"时间（$t'_{ijk} \geq t_{ijk} \geq 0$）；$C_{ijk}$ 为活动 (i, j) 的相当于第 k 个质量等级的"正常"成本；C'_{ijk} 为活动 (i, j) 的相当于第 k 个质量等级的"应急"成本（$C'_{ijk} \geq C_{ijk} \geq 0$）。

约束式式(8-3)、式(8-4)给出了从节点 1 到节点 M 的一条路径的数学描述，如果活动 (i, j) 在某条路径上，则 $X_{ij} = 1$，否则 $X_{ij} = 0$。它说明从节点 1 到节点 M 的路径的最长时间。式(8-1)、式(8-3)、式(8-4)有其对偶式为：

$$\min T = T_M \qquad (8\text{-}10)$$

$$T_i + T_{ij} - T_j \leq 0 \quad (i, j = 1, \cdots, M) \qquad (8\text{-}11)$$

$$T_j = 0 \qquad (8\text{-}12)$$

其中，T_i 表示 i 事件的最早发生时间。

以上三个式子表示过程完成的最短时间等于最后一个事件 M 的最早发生时间。

式(8-9)说明假设了不同质量等级的成本与时间的线性关系，如果这种线性关系不成立，可采同分段函数表示。式(8-7)表示对活动 (i, j) 的不同质量等级方案可供选择，$Y_{ijk} = 1$ 表示第 k 个等质量等级被选中，否则 $Y_{ijk} = 0$。式(8-2)表示不同执行者用不同质量或相同质量等级并行完成的活动 (i, j)。每个活动都必须达到质量等级的最低要求，以上内容没有包括有关的质量约束条件。

用迫努托公式可求出以上模型的最优解（解不唯一）。若给定 T_0 和 C_0 的上限 T_0M 和 C_0M，模型可转化为如下两个模型：

模型 1：$\mathrm{minimax}\, T$，满足约束式式(8-3)～式(8-10)及 $C_0 \leq C_{0\max}$

模型 2：$\min C_0$，满足约束式式(8-8)～式(8-10)及 $T \leq T_{0\max}$

给定的 $T_{0\max}$ 和 $C_{0\max}$ 的值是由有林产品供应链目标成本设定阶段就确定的，具体由市场和供应链上企业共同决定。

林产品供应链成本管理与控制模型在考虑了时间和质量因素后计算出来供应链成本值，将此成本值与设定的初步目标成本值进行对比。成本值应小于或等于目标成本值，即 $C_0 \leq C_{0\max}$；若成本值大于目标成本值，则应重新进行目标成本实现，运用作业成本法重新分析作业，找出差距存在的原因，改进作业水平，消除作业中不能产生增值的作业环节，充分挖掘各项作业中有利于降低成本的有利环节，提高各环节作业质量，减少不必要的时间和成本，如果涉及供应链上多个企业的作业则需要用林产品供应链构建中合作机制进行协调和协商解决。通过以上采取各种手段和活动最终实现林产品供应链管理与控制的目标成本。

8.4 基于 Multi-Agent 林产品供应链成本管理与控制的智能化模型

林产品供应链体系的实质是一个由供应链上多个节点企业、多层次结构组成的利益和目标统一的共同体，这个共同体在实际运营过程中时时处于动态变化过程中，为了能及时了解林产品供应链的运作状况，需要建立反映供应链运作状态的智能体系。只有通过林产品供应链成本控制体系中各项作业的良好协作，才能符合供应链成本控制体系的动态性要求，供应链成本控制体系的完善和良好运行，才能使林产品供应链整体获得最佳的效益。

根据 Agent 的基本特性如何构建以 Multi-Agent 为基础的林产品供应链成本控制体系中智能控制框架是本节需要解决的一个问题。基于 Multi-Agent 的林产品供应链成本控制体系中的智能控制框架如图 8-6 所示。

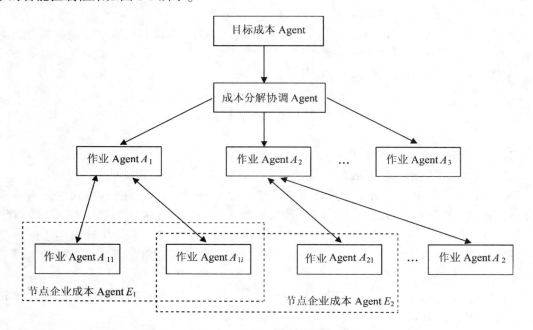

图8-6 基于 Multi-Agent 的林产品供应链管理成本控制框架图

Figure 8-6 Frame diagram of forest products supply chain management and cost control based on Multi-Agent

由图 8-6 中可知，林产品供应链成本管理与控制体系的动态控制功能是由一个 Multi-Agent 组成的控制体。该框架下的运作过程包含几个方面：

（1）目标成本由林产品供应链上核心企业与节点企业共同确定，目标成本 Agent 是作业成本 Agent 的最终比较值。

（2）成本分解协调 Agent 根据林产品供应链构建中的实际需要向下分解目标成本，并时时收集从分解后的下级成本的执行情况的反馈，将反馈的成本信息汇总后与目标成本进行比较。林产品供应链成本控制体系根据发生的情况进行处理，将处理意见交由成本分解协调 Agent 又返回到各节点作业成本 Agent。

（3）作业成本 Agent1-n 代表了林产品供应链上各节点企业的成本控制目标，该成本目标不仅包括自身内部控制目标成本，而且也包括与该节点企业有关联要素的成本费用（如涉及的物流费用等）。它收集下级作业成本控制的信息，同时也传递上一级成本控制信息。

（4）节点企业内部成本控制 Agent$_{ij}$ 负责林产品供应链节点企业内部成本控制的信息收集，它向上传递给节点企业，向下传递给具体指导成本作业的改进，它也是最基层 Agent 单元。

（5）Multi-Agent 林产品供应链成本控制框架利用 Agent 具有智能等特性构建了林产品供应链成本控制框架，该框架所需要的通信 Agent、接口 Agent、数据库 Agent 等与第 4 章中的 Multi-Agent 的林产品供应链框架中的共用，在此不再重复。

8.5　基于 Multi-Agent 的林产品供应链管理系统中的企业成本管理与控制

基于 Multi-Agent 的林产品供应链管理系统中的核心企业是林产品生产企业，对于这个企业来说，在正常的企业运营中，每一个作业环节都会产生成本，因此，都必然存在着成本的管理与控制。本书仅就这个供应链中的核心企业即林产品生产企业的生产制造过程中产生的物流成本进行管理与控制优化分析，并引用 XFL 公司的相关数据作为实践演算数据。这个分析方法具有一定的示范与推广作用。

8.5.1　生产制造企业的物流成本

企业经营的一个重要目标就是在投入一定的情况下获得最佳收益。因此，任何一家企业都必须考虑如何降低生产与销售成本。然而由于市场竞争激烈，目前企业在原材料、机器设备、劳动力工资、市场收益等方面的成本降低空间较小。鉴于此，企业管理者逐渐认识到科学的物流成本管理是第三利润源泉。因此，在企业管理实践中，物流成本优化与控制逐渐成为了重要的成本管理途径之一。近年来，学者与企业管理者对生产制造企业的物流成本从各个角度，采用不同的方法进行了研究以探寻其管理与控制的方法和途径。在这些研究中，主要有两种观点。一种是从宏观角度出发，认为生产制造企业目前最主要的物流成本为采购供应物流成本、生产制造过程物流成本、售后服务物流成本，且针对这三种物流成本，提出通过选择合适的供应商、实施准时采购来降低采购成本，运用成组技术、GIS 技术来降低生产成本。在库存及运输方面则提出通过确定安全库存水平、运用零库存技术、合理选择运输方式来对成本进行控制。另一种是从微观角度出发，在成本效益原则下，运用模糊聚类分析来筛选和整合同质的物流作业，形成作业成本库，采用作业成本法，对每一个物流作业进行成本计量和考核，确认责任成本中心，再对各责任成本中心进行成本考核，找出低效率作业的症结所在，或改善或剔出，从而达到降低企业的物流成本的目的。但总体来说，对企业在生产制造过程中物流成本控制的实施方案进行评比与优化的研究较少。在这样的背景下，基于 ELECTRE-II 算法的林产品生产制造过程中的物流成本管理与控制优化，其目的是对林产品生产企业生产过程中物流成本控制方案的排序进行选优以帮助企业管理者科学有效地降低生产制造过程中的物流成本。

8.5.2　林产品生产企业生产制造过程中的物流成本分析

在企业的经营活动中，物流指企业从采购原材料开始，制成中间产品以及最终产品，最后由销售网络把产品送到消费者手中这一过程的实物流动。本书主要探讨林产品生产制造企业从采购原材料开始到将半成品或者成品送达下游企业或者零售商这一过程中的物流成本优化问题。物流成本即是物料、产品、商品在空间位移过程中所消耗的各种活劳动和物化劳动的货币表现。

林产品生产制造企业运营的整个过程中都伴随着物流成本的产生。物流成本优化是讨论在一个既定的客户服务水平上，如何使总的物流系统成本最少。考虑到物流成本的各个功能成本之间可能有效益背反现象，所以有必要首先对物流成本进行分类并确定其属性。在企业的生产制造过程中，一般来说，按照功能可以将物流成本分为：物流信息费、利息、运输费、库存费、作业消耗成本、活劳动消耗成本、物流管理费等。对这些成本属性的具体分析如下：

①物流信息费　在企业某一具体项目计划实施之前和整个运营过程中，对项目的相关情况进行调查、收集信息而产生的信息费用应限制在一定程度，过多的信息费会导致物流总成本的增加。因此，物流信息费的属性是成本型。

②利息　当企业通过收集信息做出决策生产某产品时，需要启动自有资金或向银行贷款进行原材料的购买等一系列活动，若向银行贷款则从贷款开始时就要计算利息，而启动自有资金相当于向自己借款，作为机会成本也包含着隐性利息。利息是相对固定的成本支出，它的增加使利润减少，应越少越好。因此，利息的属性是成本型。

③运输费　在运输原材料和产品时，产生的对车辆的使用、燃油的消耗以及养路费等运输费用在物流成本中占较大比重，直接影响利润，应越少越好。因此，其属性是成本型。

④库存费　已经购买回来却暂时不使用的原材料、生产过程中产生的中间产品和未卖出的成品等，则需要储存。此时若租用他人的仓库需要租金，而占用自己已有仓库则失去了本可以通过出租获得的租金，也付出了隐性成本。库存物品本身由于占用资金不能进行投资而造成的损失等这些库存费也应当越少越好。因此，库存费的属性是成本型。

⑤作业消耗成本　对原材料的加工、半成品和成品的包装，生产过程中对燃料、电力、机器设备的损耗等作业消耗成本显然也是越少越好。因此，作业消耗的属性是成本型。

⑥活劳动消耗成本　在总收入变化不大的情况下，物流从业人员的工资奖金及各种补贴等劳动力费用越多，利润就越少；但是如果工资奖金太低，会影响职工正常的工作效率和质量。因此，在合理的、不影响工作正常进行的情况下，活劳动消耗成本支出应越少越好。故活劳动消耗成本的属性是成本型。

⑦物流管理费　在组织物流过程中的其他各种费用，如办公费，差旅费等管理费用应越少越好。所以，物流管理费的属性是成本型。

在多属性决策中，以上分析确定的属性即可认为是方案的属性。对于物流成本优化这一决策问题来说，由于其决策变量即物流总成本中包含的各个属性是离散型的，且备选方案数量为有限个，故属于有限方案多属性决策问题。这一类问题求解的核心是对各备选方案进行评价后排定各方案的优劣次序，再从中择优。

8.5.3　基于 ELECTRE-Ⅱ算法的企业生产制造过程中的物流成本管理与控制方案优选

从以上分析可知，林产品生产企业生产制造过程中所产生的费用都属于成本型。所以，其物流成本管理与控制方案的属性评价和选择都是希望在一定程度下越少越好。

用 $X = \{x_1, x_2, \cdots, x_i, \cdots, x_m\}(i = 1, 2, \cdots, m)$ 表示可供选择的方案集，其中 x_i

表示第 i 个方案；$Y_i = \{y_{i1}, y_{i2}, \cdots, y_{ij}, \cdots, y_{in}\}$ $(j = 1, 2, \cdots, n)$ 表示方案 x_i 的 n 个属性的集合，由 y_{ij} 表示第 i 个方案的第 j 个属性的值。

在本章节中 $n = 7$，且 $Y_i = \{$物流信息费、利息、运输费、库存费、作业消耗成本、劳动力费、物流管理费$\}$。

本章节采用 XFL 公司的相关信息资料。项目中有 8 个方案可供选择，且对应方案的属性情况的决策矩阵如表 8-1 所示。

决策矩阵是决策分析的基础，考虑到原来的属性值不便于比较各属性，因此 ELEC-TRE-Ⅱ算法的优化过程按如下步骤进行：

第一步：属性值的规范化。以上所给 7 个属性都是成本型，通过线性变换使之规范化。

成本型属性指标越小越好，可令 $z_{ij} = y_j^{\min}/y_{ij}$，其中 $y_j^{\min}$ 是决策矩阵第 j 列中的最小值，则可知 z_{ij} 的取值范围为 $0 < z_{ij} \leqslant 1$。则规范化后的决策矩阵如表 8-2 所示。

表 8-1　方案的决策矩阵

Table 8-1　Decision matrix of schemes　　　　　　　　　　　　　　单位：元

费用 方案	物流信息费 Y_1	利息 Y_2	运输费用 Y_3	库存费用 Y_4	作业消耗 Y_5	活劳动消耗 Y_6	物流管理费 Y_7
X_1	2243.4	17 488.2	86 219.3	35 188.5	28 881.1	27 448.2	5258.2
X_2	4783.2	18 183.9	92 797.0	40 560.3	20 423.6	21 878.1	5094.6
X_3	2797.0	18 258.9	78 032.2	37 932.7	31 605.7	25 042.6	4629.6
X_4	3078.8	18 021.5	87 012.9	48 413.9	23 180.8	26 966.2	4959.0
X_5	2547.7	16 748.3	78 838.8	45 249.5	30 560.3	25 727.9	5214.4
X_6	3868.2	17 507.0	75 322.9	40 785.1	27 077.8	24 744.2	5448.0
X_7	4233.2	16 219.3	83 671.0	46 810.0	21 277.9	23 835.9	5433.9
X_8	3040.2	16 019.8	94 215.4	42 712.2	23 584.9	25 146.1	4134.7

表 8-2　规范化后的决策矩阵

Table 8-2　Standardized decision matrix

费用 方案	物流信息费 Y_1	利息 Y_2	运输费 Y_3	库存费 Y_4	作业消耗 Y_5	活劳动消耗 Y_6	物流管理费 Y_7
X_1	1.00	0.92	0.87	1.00	0.71	0.80	0.79
X_2	0.47	0.88	0.81	0.87	1.00	1.00	0.81
X_3	0.80	0.88	0.97	0.93	0.65	0.87	0.89
X_4	0.73	0.89	0.87	0.73	0.88	0.81	0.83
X_5	0.88	0.96	0.96	0.78	0.67	0.85	0.79
X_6	0.58	0.92	1.00	0.86	0.75	0.88	0.76
X_7	0.53	0.99	0.90	0.75	0.96	0.92	0.76
X_8	0.74	1.00	0.80	0.82	0.87	0.87	1.00

第二步：确定目标的相对重要性。通过对各目标的属性加权来反映目标的相对重要性，愈重要的目标加权愈大。这里采用算术平均法求解判断矩阵及各属性的重要度（权重）。首先定义标度，如表8-3所示。

表8-3　判断矩阵标度

Table 8-3　The scale value of judgment matrix

标度	含义
1	两个属性相比，具有同样重要性
3	两个属性相比，前者比后者稍重要
5	两个属性相比，前者比后者明显重要
7	两个属性相比，前者比后者强烈重要
2，4，6	上述相邻判断的中间值
倒数	两个属性相比，后者比前者的重要标度

在不同生产制造企业，各物流成本在总成本中所占比重并不完全相同。但一般而言，可以对这些物流成本进行如下排序并由此确定判断矩阵，如表8-4所示。

运输费＞库存费＞劳动力费＞作业消耗＞利息＞物流管理费＞物流信息费。

表8-4　判断矩阵

Table 8-4　Judgment matrix

A	Y_1	Y_2	Y_3	Y_4	Y_5	Y_6	Y_7
Y_1	1	1/3	1/7	1/6	1/4	1/5	1/2
Y_2	3	1	1/5	1/4	1/2	1/3	2
Y_3	7	5	1	2	4	3	6
Y_4	6	4	1/2	1	3	2	5
Y_5	4	2	1/4	1/3	1	1/2	3
Y_6	5	3	1/3	1/2	2	1	4
Y_7	2	1/2	1/6	1/5	1/3	1/4	1

并根据算术平均法的计算公式：$w_i = \frac{1}{n}\sum_{j=1}^{n}\frac{a_{ij}}{\sum_{k=1}^{n}a_{kj}}$（$i=1,\cdots,n$；$n=5$）得到该多目标决策问题所选7个属性的权重向量为：

$W = \{w_1, w_2, w_3, w_4, w_5, w_6, w_7\} = \{0.0318, 0.0696, 0.3504, 0.2375, 0.1055, 0.1590, 0.0462\}$

第三步：通过和谐性检验和非不和谐性检验对方案进行筛选，删除一些劣的和不可接受的方案，并使以后的计算简化。

首先构造如下三个集合：

$J^+(x_i, x_k) = \{j \mid 1 \leq j \leq n, y_j(x_i) > y_j(x_k)\}$

$J^=(x_i, x_k) = \{j \mid 1 \leq j \leq n, y_j(x_i) = y_j(x_k)\}$

$$J^-(x_i, x_k) = \{j \mid 1 \leq j \leq n,\ y_j(x_i) < y_j(x_k)\}$$

计算和谐性指数：

$$I_{ik} = \Big(\sum_{j \in J^+(x_i,x_k)} w_j + \sum_{j \in J^-(x_i,x_k)} w_j\Big) \Big/ \sum_{j=1}^n w_j \quad (n=1,2,\cdots,7)$$

$$\hat{I}_{ik} = \sum_{j \in J^+(x_i,x_k)} w_j \Big/ \sum_{j \in J^-(x_i,x_k)} w_j \quad (n=1,2,\cdots,7)$$

确定高、中、低三阈值 $\alpha^* = 0.9$，$\alpha^0 = 0.7$ 和 $\alpha^- = 0.6$，使 $0.5 < \alpha^- < \alpha^0 < \alpha^* < 1$。对于 (x_1, x_2)，(x_1, x_4)，(x_5, x_1)，(x_6, x_1)，(x_7, x_1)，(x_1, x_8)，(x_3, x_2)，(x_2, x_8)，(x_3, x_4)，(x_3, x_5)，(x_6, x_3)，(x_3, x_7)，(x_3, x_8)，(x_5, x_4)，(x_6, x_4)，(x_7, x_4)，(x_6, x_5)，(x_5, x_7)，(x_8, x_5)，(x_6, x_7)，(x_6, x_8)，(x_7, x_8) 等方案对均有 $I_{ik} \geq 0.6$，$\hat{I}_{ik} \geq 1$，故通过了和谐性检验，而其余方案对则未通过和谐性检验。且有 $\alpha^- = 0.6 < I_{12}$，I_{14}，I_{51}，I_{61}，I_{71}，I_{18}，I_{32}，I_{63}，I_{37}，I_{57}，I_{85}，I_{67}，$I_{78} < 0.7 = \alpha^0$，$\alpha^0 = 0.7 < I_{28}$，I_{34}，I_{35}，I_{38}，I_{54}，I_{64}，I_{65}，$I_{68} < 0.9 = \alpha^*$，$I_{74} > \alpha^* = 0.9$。以下对通过和谐性检验的方案对进行非不和谐性检验。

给定 $d_j^0 = 0.3 < d_j^* = 0.6$，并定义三个不和谐集：

$$D_j^h = \{(y_{ij}, y_{kj}) \mid y_{kj} - y_{ij} \geq d_j^*,\ i, k = 1, \cdots, m,\ i \neq k\}$$
$$D_j^m = \{(y_{ij}, y_{kj}) \mid d_j^* > y_{kj} - y_{ij} \geq d_j^0,\ i, k = 1, \cdots, m,\ i \neq k\}$$
$$D_j^l = \{(y_{ij}, y_{kj}) \mid y_{kj} - y_{ij} < d_j^0,\ i, k = 1, \cdots, m,\ i \neq k\}$$

对于如下方案对 (x_1, x_2)，(x_1, x_4)，(x_5, x_1)，(x_6, x_1)，(x_7, x_1)，(x_1, x_8)，(x_3, x_2)，(x_2, x_8)，(x_3, x_4)，(x_3, x_5)，(x_6, x_3)，(x_3, x_7)，(x_3, x_8)，(x_5, x_4)，(x_6, x_4)，(x_7, x_4)，(x_6, x_5)，(x_5, x_7)，(x_8, x_5)，(x_6, x_7)，(x_6, x_8)，(x_7, x_8) 的任一属性 j，没有 $y_{kj} - y_{ij} \geq d_j^* = 0.6$，即通过非不和谐性检验。且有 (y_{1j}, y_{2j})，(y_{6j}, y_{1j})，(y_{7j}, y_{1j})，(y_{3j}, y_{2j})，(y_{3j}, y_{7j})，(y_{6j}, y_{5j})，$(y_{5j}, y_{7j}) \in D_j^m$（$j = 1, 2, \cdots 7$）；$(y_{1j}, y_{4j})$，$(y_{5j}, y_{1j})$，$(y_{1j}, y_{8j})$，$(y_{2j}, y_{8j})$，$(y_{3j}, y_{4j})$，$(y_{3j}, y_{5j})$，$(y_{6j}, y_{3j})$，$(y_{3j}, y_{8j})$，$(y_{5j}, y_{4j})$，$(y_{6j}, y_{4j})$，$(y_{7j}, y_{4j})$，$(y_{8j}, y_{5j})$，$(y_{6j}, y_{7j})$，$(y_{6j}, y_{8j})$，$(y_{7j}, y_{8j}) \in D_j^l$（$j = 1, 2, \cdots, 7$）。

第四步：对备选方案排序。ELECTRE-II 方法的核心是确定方案间的级别高于关系，并运用级别高于关系从方案集中选出某些级别较高的方案。当给定和谐指数高、中、低阈值 α^*、α^0 和 α^-，并且区分高、中、低三个不和谐集后，可确定方案的强级别高于关系和弱级别高于关系：

定义强级别高于关系 O_s 为：$x_i O_s x_k \Leftrightarrow$ $\begin{cases} \hat{I}_{ik} \geq 1,\ 且 \\ 1)\ I_{ik} \geq \alpha^* 且 (y_{ij}, y_{kj}) \in D_j^m（对所有 j） \\ 或者 2)\ I_{ik} \geq \alpha^0 且 (y_{ij}, y_{kj}) \in D_j^l（对所有 j） \end{cases}$

定义弱级别高于关系 O_w 为：$x_i O_w x_k \Leftrightarrow$ $\begin{cases} \hat{I}_{ik} \geq 1,\ 且 \\ 1)\ I_{ik} \geq \alpha^0 且 (y_{ij}, y_{kj}) \in D_j^m（对所有 j） \\ 或者 2)\ I_{ik} \geq \alpha^- 且 (y_{ij}, y_{kj}) \in D_j^l（对所有 j） \end{cases}$

由以上第三、四步可确定级别高于关系如下：

强级别高于关系有：$x_2O_sx_8$，$x_3O_sx_4$，$x_3O_sx_5$，$x_3O_sx_8$，$x_5O_sx_4$，$x_6O_sx_4$，$x_6O_sx_8$

弱级别高于关系有：$x_6O_wx_5$，$x_1O_wx_4$，$x_5O_wx_1$，$x_1O_wx_8$，$x_6O_wx_3$，$x_8O_wx_5$，$x_6O_wx_7$，$x_7O_wx_8$

第五步：根据已确定的方案的强级别高于关系和弱级别高于关系即可构造级别高于关系指向图，然后利用指向图对方案的优劣进行排序。排序分前向排序和反向排序，并进而得到平均序。此平均序即为方案最后优劣顺序（图8-7）。

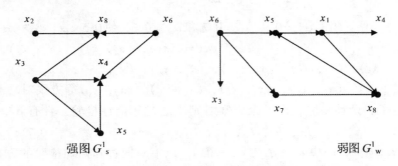

强图 G^1_s 弱图 G^1_w

图8-7　级别高于关系指向图

Figure 8-7　Directed graph of outranking relations

正向排序：由图8-7可知强图 G^1_s 和弱图 G^1_w 中的非劣方案集分别为 $C^1_s = \{2，3，6\}$，$C^1_w = \{6\}$，并且有 $C^1 = C^1_s \cap C^1_w = \{6\}$，从强图 G^1_s 和弱图 G^1_w 中抹去 C^1 中的方案 x_6 及其发出的所有有向枝，剩余的强图和弱图分别记作 G^2_s 和 G^2_w，如图8-8所示。

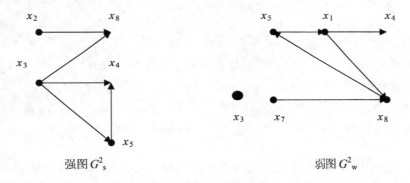

强图 G^2_s 弱图 G^2_w

图8-8　级别高于关系指向图

Figure 8-8　Directed of outranking relations

由图8-8可知强图 G^2_s 和弱图 G^2_w 中的非劣方案集分别为 $C^2_s = \{2，3\}$，$C^2_w = \{3，7\}$，且有 $C^2 = C^2_s \cap C^2_w = \{3\}$，从强图 G^2_s 和弱图 G^2_w 中抹去 C^2 中的方案 x_3 及其发出的所有有向枝，剩余的强图和弱图分别记作 G^3_s 和 G^3_w，如图8-9所示。

由图8-9可知强图 G^3_s 和弱图 G^3_w 中的非劣方案集分别为 $C^3_s = \{2，5\}$，$C^3_w = \{7\}$，且有 $C^3 = C^3_s \cap C^3_w =$ 空集。由于 $V'(x_i) = k$，$i \in C^k$，所以各方案的级别高于关系正向排序如表8-5所示。

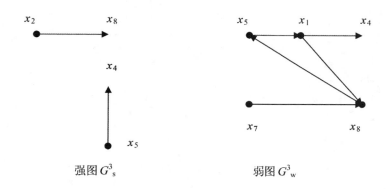

强图 G^3_s 弱图 G^3_w

图 8-9   级别高于关系指向图

Figure 8-9   Directed of outranking relations

表 8-5   正向排序结果表

Table 8-5   The result of forward sequencing

i	1	2	3	4	5	6	7	8
$V'(x_i)$	4	3	2	5	4	1	3	4

反向排序：首先将正向排序的强图 G^1_s 和弱图 G^1_w 中所有有向弧的箭头反向，得到正向排序的镜像，如图 8-10 所示。

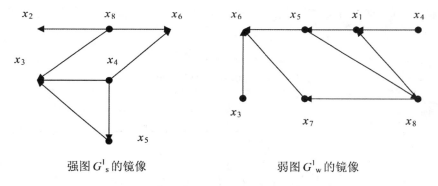

强图 G^1_s 的镜像   弱图 G^1_w 的镜像

图 8-10   级别高于关系强图和弱图的反向排序图

Figure 8-10   Reverse sequencing of outranking relations

其次根据以上级别高于关系图的反向排序图 8-10 可知非劣方案集分别为：$A_s^1 = \{4,8\}$，$A_w^1 = \{3,4\}$，且交集 $A^1 = A_s^1 \cap A_w^1 = \{4\}$。从 A^1 中抹去方案 x_4 及由它发出的所有有向枝，剩余强图和弱图分别记作 G_s^2 和 G_w^2 如图 8-11 所示。

根据图 8-11，非劣方案集分别为：$A_s^2 = \{5,8\}$，$A_w^2 = \{3\}$，且交集 $A^2 = A_s^2 \cap A_w^2 =$ 空集，可得反向排序图的初步排序结果如表 8-6 所示。

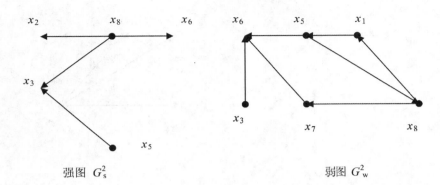

强图 G_s^2 弱图 G_w^2

图 8-11 级别高于关系强图和弱图

Figure 8-11 Reverse sequencing of outranking relations

表 8-6 反向排序初步结果

Table 8-6 The initial result of reverse sequencing

i	1	2	3	4	5	6	7	8
$V^0(x_i)$	2	3	3	1	2	4	3	2

在正向排序图得到的正向序 $V'(x_i)$ 中，序号越小，方案 x_i 的级别越高，而反向排序图得到的反向序 $V^0(x_i)$ 越小，方案 x_i 的级别越低，因此令 $V''(x_i) = 1 + \max_{x_i \in X} V^0(x_i) - V^0(x_i)$，则 $V''(x_i)$ 与 $V'(x_i)$ 一样，序号越小方案 x_i 的级别越高。如此可得反向排序结果，如表 8-7 所示。

表 8-7 反向排序结果

Table 8-7 The result of reverse sequencing

i	1	2	3	4	5	6	7	8
$V''(x_i)$	3	2	2	4	3	1	2	3

平均序：

$$\bar{v}(x_i) = \frac{v' + v''}{2}$$，平均序的序号小者为优。排序结果如表 8-8 所示。

表 8-8 最终排序结果

Table 8-8 The final result of sequencing

i	1	2	3	4	5	6	7	8
$\bar{v}(x_i)$	3.5	2.5	2	4.5	3.5	1	2.5	3.5

由此即可得到备选方案的优劣排序为：6O3O(2，7)O(1，5，8)O4。

故企业管理者在决策时可以优先选择第六个方案，若综合考虑其他因素(如客户服务水平中的送达产品的时间限制等)，需要调整物流成本，则可以按照排序顺次向后考虑其他方案。

基于 Multi-Agent 的林产品供应链管理系统绩效评价体系

9

20 世纪 90 年代供应链管理模式在实践中的具体应用,取得了一定的成绩。因此,供应链管理系统的绩效评价体系作为供应链管理相对独立的子系统,有一个主要的功能即对已建立和实施了供应链管理的生产企业,希望通过应用绩效评价体系以寻求不断改进的供应链管理方法。基于 Multi-Agent 的林产品供应链管理系统绩效评价体系主要是对林产品供应链管理运营活动即各个 Agent 模块运营所产生的效果进行度量和评价,以判断林产品供应链的运营绩效和存在的价值以及寻求更有效的管理方式,而基于 Multi-Agent 的林产品供应链管理系统绩效评价智能化模型是在绩效评价指标体系基础上的更进一步的信息化运作。建立基于 Multi-Agent 的林产品供应链管理系统绩效评价体系的最终目的是确保林产品供应链管理的顺利实施。

9.1 基于 Multi-Agent 的林产品供应链管理系统绩效评价体系基础

9.1.1 绩效评价体系的构成要素

林产品供应链管理系统绩效评价体系作为林产品供应链管理的一个重要组成部分,由以下几个要素构成:

①评价对象 包含林产品供应链管理水平;林产品供应链上的所有节点企业与其核心竞争力;各企业的经营者。其中,对林产品供应链上企业的评价有两个方面的含义,一方面作为林产品供应链的核心企业林产品生产商把供应链上的其他企业作为评价对象,其评价结果关系到该企业是否能成为林产品供应链成员;另一方面,其他企业把林产品生产商作为评价对象,其评价结果决定该企业是否参加林产品供应链。

②评价目标 是使林产品供应链上的所有企业和业务流程环节都以实现林产品供应链管理总体战略目标为方向;使各企业的资源被最优化运用;使企业运作的各个方面都能被实时监控并及时与同行的其他供应链相比较,从而及时发现和纠正供应链运行中的错误;处理好供应链总体战略目标与各企业目标之间的依存关系。

③评价指标 能够反映基于 Multi-Agent 的林产品供应链管理系统绩效水平。

④评价标准　林产品供应链管理绩效评价标准来自三个方面：一是历史标准，即林产品供应链上的企业以自身历史业绩作为比较标准，通过比较判断自身处于成长还是衰退；二是标杆标准即以本行业的先进企业作为评价标准，先进企业的选取可以是国内或国外，通过比较判断供应链和企业在市场中的地位；三是客户要求标准，以客户作为判断供应链和企业满足客户要求的程度，比较结果作为供应链和企业今后的计划和努力的方向。

⑤分析报告　分析报告作为系统评价信息的输出由林产品生产商完成，评价内容包括：得出林产品供应链管理和各企业绩效评价指标数据和状况，将评价指标数据与状况与预先的设定标准进行对比，通过差异分析，找出产生差异的主要原因并出解决方案，最终形成分析报告。

9.1.2　绩效评价体系的设计要求

林产品供应链绩效管理系统评价体系的设计需要与林产品供应链管理的特点相结合，使设计的评价体系能正确反映林产品供应链管理要求，具体表现在以下几个方面：

①准确性　由于林产品供应链管理的特性，对林产品供应链管理绩效评价做到准确有一定的难度，在应用中以提高信息的准确性和计量的准确性等措施保证林产品供应链管理评价质量。

②及时性　通过建立基于 Multi-Agent 的智能评价系统满足林产品供应链管理绩效评价及时的要求。

③客观性　由于评价系统由林产品生产商统筹安排，需要克服评价过程中人为因素的影响，确保绩效评价的客观公正。

④可接受性　以林产品生产商为主导作出的绩效评价要使供应商、销售商容易接受，有利于充分调动它们的工作积极性。

⑤可理解性　要确保绩效评价结果能被林产品供应链上的所有相关企业正确地理解和解释。

⑥成本效益性　评价中的信息收集、资料整理、数据处理等各项工作都要注意节约成本。

⑦目标一致性　评价的战略目标和目标的分解要确保它们之间的一致性。

⑧可控性和激励性　对林产品生产商的供应商、生产商、销售商的评价要在可控制范围，坚持做到可控性和激励性相结合。

9.2　基于 Multi-Agent 的林产品供应链管理系统绩效评价指标体系

9.2.1　绩效评价指标设计的基本原则

林产品供应链管理系统绩效评价体系在评价范围上涉及对供应链整体以及节点上不同层次的企业作出评价，客观上要求建立不同层次的评价指标和应用恰当的评价方法，客观、公正和科学地反映林产品供应链管理系统的运营状况。故在实际操作中应遵循以下原则：

①整体性原则　尽管林产品供应链由众多供应商、销售商和一个核心企业的林产品生产商组成，但在评价过程中必须将它们视为一个整体考虑，以反映出林产品供应链管理系统绩效的主要本质特征。

②分层原则　将林产品供应链管理系统绩效评价体系分为总体层面即由各企业构成的供应链整体，反映出林产品供应链管理系统的总体实力；第二个层面是对林产品供应链节点企业间合作水平的评价；第三个层面即对林产品生产商经营与管理能力的评价，其反映出林产品生产商对林产品供应链管理的领导和协调能力。分层评价原则有利于评价思路的清晰。

③经济型原则　在林产品供应链管理绩效评价操作过程中要考虑评价指标体系成本收益，建立的评价指标体系大小要适中，评价指标体系过大和复杂则会因需要采集的数据过多而增加评价的成本支出，过小则会因评价不全面而影响评价的效果。因此，评价指标需要选取具有较强代表性，能综合反映林产品供应链管理绩效的指标，从而做到节约费用支出、减少误差和提高评价效率。

④可接受性原则　评价结果只有被林产品供应链上所有被评价的对象接受，评价才会真正取得效果，否则，评价的效果会大打折扣。

⑤可操作性原则　可操作性指林产品供应链管理绩效评价指标测算时的数据收集的可行性和指标表达的正确性。所以评价指标设计要与现有统计资料、财务报表具有兼容性，指标的含义需要具有高清晰度，避免产生对指标的误解和歧义。

9.2.2　绩效评价指标体系内容范围与层次结构

林产品供应链管理涉及一个复杂长链，尤其是在供应链的两端拥有众多的供应商和销售商。供应商可分为多级，从最靠近林产品生产商供应能力较强的供应商一直延伸到林产品原材料直接提供者的林户或商品林生产商；销售商业涉及批发、零售等多级，它们各自的销售能力和规模差别较大。故林产品供应商、生产商和销售商的复杂性决定了基于Multi-Agent 的林产品供应链管理系统绩效评价指标体系的复杂性。但从供应链的特点与Multi-Agent 结构的角度来说，林产品供应商、生产商和销售商、顾客以林产品为纽带存在着内在联系，这种内在联系表现在三个方面，一是林产品供应链管理系统的总体运行能力；二是林产品供应商、生产商、销售商彼此之间的协调能力；三是林产品生产商的运营能力，它能体现出林产品生产商对林产品供应链运营管理能力。为此，可以确定基于Multi-Agent 的林产品供应链管理绩效评价指标体系包含三个层次：第一层次为林产品供应链综合管理绩效；第二层次林产品供应链节点企业间合作水平；第三层次林产品供应链生产商运营能力。三个层次共由 16 个单项评价指标组成，如图 9-1 所示。

林产品供应链管理评价指标总体是围绕财务指标展开的，这有利于在健全的各环节上做出清楚的评价，其评价结果容易获得林产品供应链上各节点企业的理解和支持，同时其评价过程中用产品、销售、顾客服务等指标反映林产品供应链管理的发展能力。

9.2.2.1　林产品供应链综合管理能力评价指标

（1）林产品资产回报率 C_1

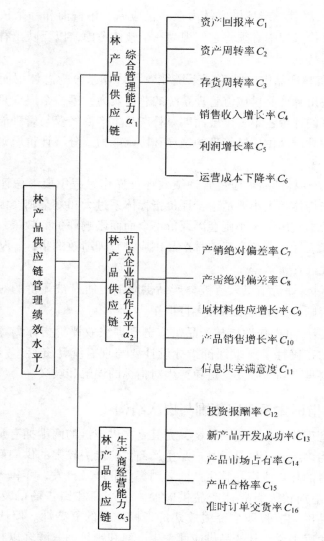

图 9-1　林产品供应链管理系统绩效评价指标层次图

Figure 9-1　Hierarchical graph of performance evaluation of forest products supply chain management system

$$C_1 = \frac{\sum_{j=1}^{N} PT_j + \sum_{i=1}^{M-1} PT_i}{\sum_{j=1}^{N} \frac{TB_j + TE_j}{2} + \sum_{i=1}^{M-1} \frac{TB_i + TE_i}{2}} \times 100\%$$

设林产品供应链共有 M 级组成，最后一级有 N 个供应商，并且除最后一级外，其他几级均有一个成员组成。$i = 1, 2, \cdots, M$；$j = 1, 2, \cdots, N$。上式中，PT_j 为零售商在评价期内的利润；PT_i 为第 i 级成员评价期内的利润；TB_j 为零售商评价期内期初总资产；TE_j 为零售商评价期内期末总资产；TB_i 为第 i 级成员评价期内期初总资产；TE_i 为第 i 级成员评价期内期末总资产。

该指标反映林产品供应链销售商、生产商和供应商总资产利用所能得到的利润程度，是对林产品供应链总体盈利能力的评价。另一方面，在统计出现困难或统计误差较大前提下，该指标的计算用林产品生产商在评价期中取得利润与生产商总资产的比表示。

（2）林产品资产周转率 C_2

$$C_2 = \frac{\sum\limits_{j=1}^{N} S_j}{\sum\limits_{j=1}^{N} \dfrac{TB_j + TE_j}{2} + \sum\limits_{i=1}^{M-1} \dfrac{TB_i + TE_i}{2}} \times 100\%$$

式中：S_j 为第 j 个零售商在评价期内的销售收入 $S_j (1 \leqslant j \leqslant N)$，其他字母含义同上。

该指标通过林产品供应链总资产的回报说明总资产的周转速度，同时也反映出林产品供应链管理的能力。

（3）林产品存货周转率 C_3

$$C_3 = \frac{ST}{S_j^B} \times 100\%$$

式中：ST 为评价期销售成本；S_j^B 为评价区内零售商库存额。

林产品供应链库存周转的快慢说明林产品供应链提供的产品满足市场需求的程度。林产品供应链能提供适销对路的产品则加快林产品库存周转率。

（4）林产品销售收入增长率 C_4

$$C_4 = \frac{S^T - S^{T-1}}{S^T} \times 100\%$$

式中：S^T 为评价期的销售收入；S^{T-1} 为上一个评价期的销售收入。

销售收入的增长反映林产品供应链产品适销对路，能不断满足市场需要的能力。

（5）林产品利润增长率 C_5

$$C_5 = \frac{P^T - P^{T-1}}{P^T} \times 100\%$$

式中：P^T 为评价期利润；P^{T-1} 为上一个评价期利润。

利润的增长说明林产品供应链能保持持续盈利的能力，可通过不断强化林产品供应链管理实现这一目标。

（6）运营成本下降率 C_6

$$C_6 = \frac{D_j - S_i}{S_i} \times 100\%$$

式中：D_j 为上一个评价期运营成本；S_i 为评价期运营成本。

该指标反映本供应链的市场竞争能力，同时反映出生产商与本行业优秀生产企业的差距，寻求缩小差距的各项措施成为林产品供应链管理的一项重要内容。

9.2.2.2 林产品供应链管理系统中节点企业间合作水平的绩效评价指标

（1）林产品产销绝对偏差率 C_7

$$C_7 = \frac{|j_1 - j_2|}{j_2} \times 100\%$$

式中：j_1 为林产品供应链产品总产量；j_2 为林产品供应链产品总销量。

该指标反映出林产品生产商提供的产品与销售商需要产品之间衔接关系。

（2）林产品产需绝对偏差率 C_8

$$C_8 = \sum \frac{|S_j - N_i|}{N_i} \times 100\%$$

式中：S_j 为节点企业评价周期内的生产数量；N_i 为上层节点企业对产品的需求量。

该指标反映林产品供应链节点企业之间供需关系的满足程度，最终总产量符合总销量的要求。

（3）林产品原材料供应增长率 C_9

$$C_9 = \frac{Z_j - Z_i}{Z_i} \times 100\%$$

式中：Z_j 为评价期供应商提供的产品数量；Z_i 为上一个评价期供应商提供的产品数量。

该指标反映供应商的产品供应能力。

（4）林产品销售增长率 C_{10}

$$C_{10} = \frac{x_j - x_i}{x_i} \times 100\%$$

式中：x_j 为评价期林产品销售量；x_i 为上一个评价期林产品销售量。

该指标反映出林产品销售商的销售能力。

（5）信息共享满意度 C_{11}

$$C_{11} = \frac{M_i}{M_j} \times 100\%$$

式中：M_i 为评价期信息共享满意次数；M_j 为评价期信息共享次数。

该指标是对林产品供应链信息共享的程度和方便性等要素的检验。

9.2.2.3 林产品供应链管理系统中核心企业经营能力评价指标

（1）林产品生产商投资报酬率 C_{12}

$$C_{12} = \frac{IM}{NP} \times 100\%$$

式中：IM 为评价期生产商利润；NP 为评价期生产商投资额。

该指标说明生产商的投资能力以及投资可带来的收益。

（2）生产商新产品开发成功率 C_{13}

$$C_{13} = \frac{IN}{IT} \times 100\%$$

式中：IN 为评价期内新的林产品成功开发的数量；IT 为评价期内新产品开发的总数。

该指标反映林产品生产商在新产品开发中的可持续创新能力。

（3）林产品生产商产品市场占有率 C_{14}

$$C_{14} = \frac{SC}{XQ} \times 100\%$$

式中：SC 为评价期产品销售的数量；XQ 为评价期市场产品的需求量。

该指标反映出生产商提供的产品数量占市场对产品需求的数量的份额。

（4）林产品的产品合格率 C_{15}

$$C_{15} = \frac{CP}{HG} \times 100\%$$

式中：CP 为评价期向市场提供的合格产品数量；HG 为评价期向市场提供的产品总数量。

该指标反映林产品生产商提供的产品质量可靠性和稳定性。

（5）林产品准时订单交货率 C_{16}

$$C_{16} = \frac{DZ}{ZJ} \times 100\%$$

式中：DZ 为评价期准时提供的产品数量；ZJ 为评价期提供的产品的总数量。

该指标反映林产品生产商准时提交产品能力，以满足供应商的要求。

9.2.3 绩效评价指标及方法

9.2.3.1 绩效评价指标

绩效评价指标分值采用无量纲 100 制进行度量。

（1）林产品供应链综合管理能力评价指标 α_1

①指标说明　林产品供应链综合管理能力评价指标说明见表 9-1。

表 9-1　林产品供应链综合管理能力评价指标说明表

Table 9-1　Specification of evaluation indexes

主题	林产品供应链管理与运作能力
指标	指标组成：资产回报率、资产周转率、存货周转率、销售收入增长率、利润增长率、运营成本下降率
指标类型	评价指标为正向指标
数据的可获得性	可通过调查获得
数据获得方式	通过实地调研与查阅统计资料得到

②指标评价方法与标准　林产品供应链综合管理能力评价评分表见表 9-2。

表 9-2　林产品供应链综合管理能力评价评分表

Table 9-2　Marking chart of indexes

资产回报率	评分	简要说明
30 以上（71～100 分）		
15～30（51～70 分）		该项指标包括林产品供应链中供应商、生产商、销售商在内的总资产所带来的盈利状况
10～15（31～50 分）		
5～10（11～30 分）		
0～5（0～10 分）		

（续）

资产周转率	评分	简要说明
30 以上（71～100 分）		
15～30（51～70 分）		该指标说明林产品供应链中总资产与销售
10～15（31～50 分）		收入的关系，反映资金周转状况
5～10（11～30 分）		
0～5（0～10 分）		

存货周转率	评分	简要说明
30 以上（71～100 分）		
15～30（51～70 分）		该指标说明销售成本低，销售存货下降对
10～15（31～50 分）		提高存货周转率有利
5～10（11～30 分）		
0～5（0～10 分）		

销售收入增长率	评分	简要说明
30 以上（71～100 分）		
15～30（51～70 分）		该指标反映本评价期销售收入与上一个评
10～15（31～50 分）		价期销售收入的对比
5～10（11～30 分）		
0～5（0～10 分）		

利用增长率	评分	简要说明
30 以上（71～100 分）		
15～30（51～70 分）		该指标通过本评价期利润与上一个评价期
10～15（31～50 分）		利润的对比反映林产品供应链的盈利能力
5～10（11～30 分）		
0～5（0～10 分）		

运营成本下降率	评分	简要说明
30 以上（71～100 分）		
15～30（51～70 分）		
10～15（31～50 分）		该指标说明林产品供应链管理优化的能力
5～10（11～30 分）		
0～5（0～10 分）		

（2）林产品供应链节点企业间合作水平指标

①指标说明　林产品供应链节点企业间合作水平指标说明见表9-3。

表 9-3 林产品供应链节点企业间合作水平指标说明表

Table 9-3 Level of cooperation between enterprises on Forest Products Supply Chain Management

主题	节点企业协作能力
指标	产品绝对偏差率、产需绝对偏差率、产品供应增长率、产品销售增产率、信息共享满意度
指标类型	除产品绝对偏差系数和产需绝对偏差系数为反向指标外，其余为正向指标
数据的可获得性	可通过调查获得
数据获得方式	通过实地调研与查阅统计资料得到

②指标评价方法与标准　林产品供应链节点企业间合作水平指标评价方式与标准见表 9-4。

表 9-4 节点企业间合作水平指标评分表

Table 9-4 Index Chart of cooperation level for node enterprises

产销绝对偏差率	评分	简要说明
30 以上(10 ~ 0 分)		
15 ~ 30(30 ~ 11 分)		
10 ~ 15 (50 ~ 31 分)		该评价指标为反向指标，指标值高获得评分较低
5 ~ 10 (70 ~ 51 分)		
0 ~ 5(100 ~ 71 分)		

产需绝对偏差率	评分	简要说明
30 以上(10 ~ 0 分)		
15 ~ 30(30 ~ 11 分)		
10 ~ 15 (50 ~ 31 分)		该评价指标为反向指标，指标值高获得评分较低
5 ~ 10 (70 ~ 51 分)		
0 ~ 5(100 ~ 71 分)		

原材料供应增长率	评分	简要说明
30 以上 (71 ~ 100 分)		
15 ~ 30(51 ~ 70 分)		
10 ~ 15 (31 ~ 50 分)		该指标说明分值反映供应商的供应能力
5 ~ 10(11 ~ 30 分)		
0 ~ 5(0 ~ 10 分)		

产品销售增长率	评分	简要说明
30 以上 (71 ~ 100 分)		
15 ~ 30(51 ~ 70 分)		
10 ~ 15 (31 ~ 50 分)		该指标说明分值反映销售商的销售能力
5 ~ 10(11 ~ 30 分)		
0 ~ 5(0 ~ 10 分)		

（续）

信息共享满意度	评分	简要说明
30 以上（71～100 分）		
15～30(51～70 分)		该分值的确定是通过调查供应商、生产商和销售商对信息提供的满意次数获得的
10～15（31～50 分）		
5～10(11～30 分)		
0～5（0～10 分）		

（3）核心企业经营能力评价指标

①指标说明　核心企业经营能力评价指标说明见表9-5。

表 9-5　核心企业经营能力评价指标说明表

Table 9-5　Evaluation indexes of ability for core enterprises

主题	生产商经营能力
指标	投资报酬率、新产品开发成功率、产品市场占有率、产品合格率、准时订单交货率。
指标类型	正向指标
数据的可获得性	可通过调查获得
数据获得方式	通过实地调研与查阅统计资料得到

②指标评价方法与标准　核心企业经营能力评价指标评价方法和标准见表9-6。

表 9-6　核心企业经营能力评价指标评分表

Table 9-6　Table of evaluation Index Chart for core enterprises ability

投资报酬率	评分	简要说明
30 以上（71～100 分）		
15～30(51～70 分)		
10～15（31～50 分）		该指标通过调查生产商获得数据
5～10(11～30 分)		
0～5（0～10 分）		

新产品开发成功率	评分	简要说明
30 以上（71～100 分）		
15～30(51～70 分)		
10～15（31～50 分）		分值的确定通过调查生产商评价期开发成功新产品的数量得到
5～10(11～30 分)		
0～5（0～10 分）		

产品市场占有率	评分	简要说明
30 以上(71～100 分)		
15～30 (51～70 分)		
10～15(31～50 分)		该指标分数值说明生产商的竞争能力
5～10(11～30 分)		
0～5 (0～10 分)		

（续）

产品合格率	评分	简要说明
30 以上（71 ~ 100 分）		
15 ~ 30(51 ~ 70 分)		通过抽查生产商生产的 100 件产品而获得
10 ~ 15 (31 ~ 50 分)		产品合格率的分值
5 ~ 10(11 ~ 30 分)		
0 ~ 5(0 ~ 10 分)		

准时订单交货率	评分	简要说明
30 以上（71 ~ 100 分）		
15 ~ 30(51 ~ 70 分)		通过抽查生产商向销售商提供 100 件产品
10 ~ 15 (31 ~ 50 分)		中准时交货的产品件数在其中所占的比例
5 ~ 10(11 ~ 30 分)		获得此分数值
0 ~ 5(0 ~ 10 分)		

9.2.3.2 指标权重与评分

林产品供应链管理系统绩效评价指标权重与评分见表9-7。

表 9-7 林产品供应链管理系统绩效评价指评分与权重表

Table 9-7 Marking and weighting chart of performance evaluation of forest products supply chain management system

指标	评分 （范围 0 ~ 100）	指标权重 *
1		
2		
3		
...		
14		
15		
16		
合计		1.0

* 指标权重由评估专家依据经验给出。

9.2.3.3 绩效评价指标评估尺度确定

（1）绩效评价指标体系表

林产品供应链管理系统绩效评价体系见表9-8。

表 9-8　林产品供应链管理绩效指标体系表

Table 9-8　Index chart of performance evaluation of forest products supply chain management system

总评价层 L	二级指标权重 B_i	三级指标层变量 C_j	指标层变量权重 β_j
林产品供应链管理绩效水平 L	林产品供应链综合管理能力 α_1	资产回报率 C_1	β_1
		资产周转率 C_2	β_2
		存货周转率 C_3	β_3
		销售收入增长率 C_4	β_4
		利润增长率 C_5	β_5
		运营成本下降率 C_6	β_6
	林产品供应链管理节点企业合作水平 α_2	产销绝对偏差系数 C_7	β_7
		产需绝对偏差系数 C_8	β_8
		原材料供应增长率 C_9	β_9
		产品销售增长率 C_{10}	β_{10}
		信息共享满意度 C_{11}	β_{11}
	林产品供应链生产商经验能力 α_3	投资报酬率 C_{12}	β_{12}
		新产品开发成功率 C_{13}	β_{13}
		产品市场占有率 C_{14}	β_{14}
		产品合格率 C_{15}	β_{15}
		准时订单交货率 C_{16}	β_{16}

（2）AHP 的评估尺度表

AHP 的评估尺度见表9-9。

表 9-9　AHP 的 1~5 标度

Table 9-9　1~5 Sealing of AHP

比较标度	对林产品供应链的影响力	具体含义
1	轻	供应链极其不稳定
2（相邻判断折中）	较轻	供应链次级不稳定
3	一般	较稳基本稳定
4（相邻判断折中）	很大	供应链较稳定
5	严重	供应链很稳定

（3）指标值计算

$$B_i = \sum_{j=i_1}^{i_n} \beta_j \times C_j \quad \begin{array}{l} i = 1,2,\cdots,n \\ j = 1,2,\cdots,m \end{array}$$

$$L = \sum_{i}^{n} \alpha_i \times B_i \qquad i = 1,2,\cdots,n$$

（4）指标值评估表

林产品供应链管理系统绩效评价指标评估表见表9-10。

表 9-10   指标值评估表

Table 9-10   Assessment chart of indexes

比较标度	指标值阈值范围	L 值
1	0 ~ 10	
2	11 ~ 19	
3	21 ~ 30	
4	31 ~ 40	
5	41 ~ 50	

9.2.4   XFL 公司林产品供应链管理系统绩效评价分析

XFL 公司为核心企业拟建的基于 Multi-Agent 的林产品供应链管理系统涉及多个供应商和销售商，为使林产品供应链管理绩效评价得以进行和满足评价要求，也不失一般性和特殊性，本书在多个供应商和销售商中选择具有代表性的企业参加评价，具体是昆明海口林场、保山西桂林场、思茅绿源林场为供应商，昆明新源销售有限公司、广东森同有限公司和贵阳金鑫木业有限公司为销售商参与拟建的林产品供应链管理绩效的评价。评价以及测算需要的数据见表 9-11。

表 9-11   XFL 公司供应链管理数据信息表

Table 9-11   Information table of xinfeilin Co. forest products supply chain management

序号	名称	评价期值	上一评价期值	备注
1	XFL 资产	1.3 亿元	—	—
2	XFL 利润	600 万元	—	—
3	XFL 销售收入	8 千万元	—	—
4	销售收入	9600 万元	900 万元	—
5	XFL 利润	600 万元		
6	供应商利润	600 万元	540 万元	
7	销售商利润	450 万元	330 万元	
8	人造板单价	1500 元/m³		
9	XFL 总顾客人数（户）	350 户		
10	XFL 老顾客人数（户）	250 户		
11	供应商销售收入	2100 万元		
12	新源公司销售收入	6500 万元		
13	XFL 产量	5 万 m³		
14	总销量	4.8 万 m³	4.5 m³	
15	供应商供应量	3.5 万 m³	3.2 万 m³	
16	信息共享次数	30 次	22 次	满意 22 次
17	市场需求量	20 万 m³		
18	XFL 开发产品数量	20 个	16 个	成功 16 个
19	生产产品抽查	100 个	97 个	合格 97 个
20	订单完成抽查	100 个	95 个	及时完成 95 个

注：此表显示的数据时间自 2007 年 1 月至 2007 年 12 月。

（1）指标层变量值与权重的确定

通过对相关资料的分析，指标层量值与变量权重值如表9-12所示。

表 9-12　指标层变量值与变量权重值
Table 9-12　Indexes layer quantity value and variablde weight value

总评价层 L	二级指标权重 B_j	三级指标层变量值 C_j	指标层变量权重 β_j
林产品供应链管理绩效水平 L	林产品供应链综合管理能力 $\alpha_2 = 0.530$	$C_1 = 9$ $C_2 = 84$ $C_3 = 92$ $C_4 = 14$ $C_5 = 62$ $C_6 = 6$	$\beta_1 = 0.095$ $\beta_2 = 0.081$ $\beta_3 = 0.073$ $\beta_4 = 0.091$ $\beta_5 = 0.102$ $\beta_6 = 0.088$
	林产品供应链管理节点企业合作水平 $\alpha_2 = 0.296$	$C_7 = 45$ $C_8 = 80$ $C_9 = 27$ $C_{10} = 26$ $C_{11} = 84$	$\beta_7 = 0.065$ $\beta_8 = 0.069$ $\beta_9 = 0.060$ $\beta_{10} = 0.050$ $\beta_{11} = 0.052$
	林产品供应链生产商经验能力 $\alpha_3 = 0.174$	$C_{12} = 80$ $C_{13} = 87$ $C_{14} = 61$ $C_{15} = 95$ $C_{16} = 93$	$\beta_{12} = 0.035$ $\beta_{13} = 0.038$ $\beta_{14} = 0.040$ $\beta_{15} = 0.034$ $\beta_{16} = 0.027$

注：各指标的权重值由该项目组的评估专家给出。

（2）指标值的确定

$$B_i = \sum_{j=i_1}^{i_n} \beta_j \times C_j \qquad \begin{array}{l} i = 1, 2, \cdots, n \\ j = 1, 2, \cdots, m \end{array}$$

$$L = \sum_{i}^{n} \alpha_i \times B_i \qquad i = 1, 2, \cdots, n$$

根据以上公式，代入表9-12中的相应数值，可得 $L \approx 19.066$。

（3）小结

对照指标值评估表，根据 AHP 的 1~5 标度的分类区间，由于 $L \in [11, 19]$，可知由以 XFL 公司为核心企业拟建的林产品供应链是一条处于不稳定状态的基于 Multi-Agent 的林产品供应链，该结论与当前 XFL 人造板有限公司与供应商、销售商处于松散联合状态的供销关系相吻合。

9.3　基于 Multi-Agent 的林产品供应链管理系统绩效评价智能化模型

林产品供应链及其管理涉及多个企业以及它们复杂和动态的外部联盟与协作，如何判断供应链及其管理是否达到了预期目标，除应用指标体系评价外，最高层次是建立供应链管理绩效评价智能系统模型进行智能化运作以做出科学判断。

9.3.1 模型的类型设计

基于 Multi-Agent 的林产品供应链的构成要素（节点）包括：林产品供应商、生产商、销售商和客户。供应链建立及其管理的最终目标使供应链整体及其每个节点利益最大化。实现这一目标不仅要加强节点内部建设和管理，更重要的是实现节点之间的交流和控制。

根据基于 Multi-Agent 的林产品供应链管理系统绩效评价目标的要求，结合多 Multi-Agent 具有的功能特性，该供应链管理绩效绩效评价系统可以设计以下五种类型的 Agent 组。

①交互 Agent 组 接受来自用户对评价任务的要求，将评价任务转换、分析和分解，按不同类别分别转送到其他 Agent，最后将学习 Agent 转来的评价结果输出给用户。

②功能 Agent 组 与其他 Agent 建立通信联系，提供所有 Agent 的名称和地址，建立同步通信、通信记录板及以异步通信缓存区等，与信息员联系并对其他 Agent 进行控制。

③评价 Agent 组 它是评价绩效的主体，每一个 Agent 用来自交互 Agent 的信息和企业数据用特定指标和方法完成评价。Agent 组具备判断评价任务和实施评价任务的功能。Agent 之间进行协商后输出评价结果给学习 Agent。

④学习 Agent 组 接受来自评价 Agent 的评价结果，对该结果进行学习并优化，将优化结果转送给交互 Agent 提供给顾客，同时将新结果作为新知识存储在知识库中，增加评价系统的智能性。

⑤数据 Agent 组 每一个节点运行都将产生大量数据，这些数据具有随机和动态特性，数据 Agent 可对这些数据及时收集和处理，通过数据仓库对这些数据进行管理，这些数据作为评价 Agent 数据源。数据 Agent 所具备的动态处理功能是通用仿真系统不具备的。

图 9-2 林产品供应链管理系统多 Multi-Agent 绩效评价流程

Figure 9-2 Flow chart of performance evaluation of forest products supply chain management system with Multi-Agent

每一个节点的 Agent 组都由交互、功能、评价、学习、数据 Agent 组成，节点企业内部的 Agent 通过企业局域网（Intranet）进行通信，节点间的 Agent 可通过 Internet 完成通信，该供应链绩效评价以林产企业评价为中心展开，评价流程如图 9-2 所示。

9.3.2 绩效评价智能化系统中 Agent 的工作过程

在供应链上应用多 Agent 系统的评价原理（图 9-3）进行系统评价时首先应确定节点核心。其次以核心节点为中心的供应链评价从本质上应反映供应链整体绩效目标的耦合程度。核心节点的 Agent 对供应链其他节点的评价所需数据和评价完成结果通过 Internet 实施调用。具体运作过程如下：①核心节点的交互 Agent 接受顾客的评价要求和有关数据后，通过功能 Agent 向评价 Agent 进行查询，征求评价 Agent 的评价能力后，将评价任务分解后转送给评价 Agent 进行评价。②核心节点评价 Agent 组接受来自功能 Agent 要求的评价任务后，根据需要通过数据仓库采集数据 Agent 中的数据，如果数据 Agent 不能提供所需数据，则返回向交互 Agent 请求数据支持。交互 Agent 向供应链其他节点请求数据支持，获得数据转送给评价 Agent 使用。③评价 Agent 组中的各评价 Agent 根据自己的评价特性按评价任务要求完成评价，其中评价 Agent 根据需要也同交互 Agent 和功能 Agent 与其他节点 Agent 建立通信联系，进行有效合作。评价 Agent 组综合后将评价结果转送给学习 Agent。④学习 Agent 接受来自评价 Agent 的评价结果，对评价结果进行优化，将优化结果转输给交互 Agent，由交互 Agent 将评价结果输出给客户，完成评价任务。评价可根据客户需要设定评价次数和评价时间间隔。

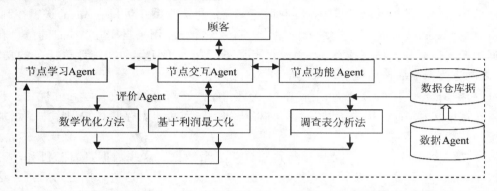

图 9-3　基于 Multi-Agent 的林产品供应链管理系统绩效评价智能化原理图

Figure 9-3　Schematic diagram of forest products supply chain management system evaluation based on Multi-Agent

9.3.3　多 Agent 组间的通信连接

实现各个 Agent 组间的信息有效传递是确保供应链评价系统模型有效运作的重要环节，多个 Agent 之间的信息传递由功能 Agent 完成。供应链评价系统信息传递中需要信息共享、同步信息传递、异步信息传递。信息传递一是通过记录板方式，即：某个 A-gent 把信息存放在其他 Agent 能存取的记录板上，实现信息共享；二是把信息在两个 A-gent 之间的直接传递实现信息的同步传递；三是由 Agent 之间将信息存放在事先约定的地方，信息存取在不同时间完成信息的异步通信。本模型所采用的多 Agent 组间通信连接方式如图 9-4 所示。

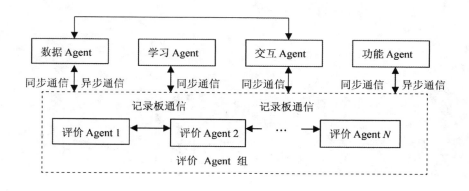

图 9-4 Agent 组间通信连接图

Figure 9-4   Communication connection graph among agent groups

9.3.4 绩效评价系统的智能化功能分析

基于多 Agent 的林产品供应链绩效评价系统评价模型除满足静态、动态评价要求外，在功能方面还具备以下特点：

①评价指标体系　评价指标体系应时时采集和更新。

②数据采集存储功能　数据库管理采用大型关系数据库 MS、SQL、SERVER2000。可保证对数据的实时存储和调用。

③学习优化功能　以鲁棒性原则为基础，为评价解决方案不断提供优化。

④通信优化语言功能　Agent 之间的数据和信息交换以及共享利用可利用 KQML 语言实现。

10

基于 Multi-Agent 的林产品
供应链管理系统的信息化建设

林产品供应链管理系统的正常运行离不开一个有效的、高质量的信息支撑体系的支持。尤其是基于 Multi-Agent 建立了林产品供应链以后，要实现各个 Agent 组成模块之间的无缝隙连接，并高效运营，必须实现实时信息共享，为此，林产品供应链管理系统的信息化建设是非常有必要的，而且在建设中必须始终不抛离 Multi-Agent 的结构与技术特点。另一方面，从宏观角度看，林产品供应链管理系统的信息化体系是实施林产品供应链管理的核心基础工作，通过信息共享可促进林产品供应链上各节点企业的技术创新、管理创新和制度创新，同时促进林产品供应链管理结构不断得到优化，提高其决策能力、工作效率和整体竞争能力，降低运作成本，带动林产品供应链各项管理目标的实现；从微观角度看，通过林产品供应链管理系统的信息化实现能解决信息"孤岛"问题，即在节点企业内部实现 Intranet 网络化构建，以 Internet 实现节点企业之间信息沟通，提高供应链上各节点企业工作效率。同时还能改善供应链管理人员的工作环境和减轻劳动强度，促进供应链上各节点企业从粗放型经营向集约型经营的转变，进一步提高林产品供应链企业间资源的合理配置和使用效率。

10.1 基于 Multi-Agent 的林产品供应链管理系统的信息特征

林产品供应链管理信息体系是一个组合了林产品生产商、供应商、销售商、客户四大模块的人机系统，这个系统综合了计算机网络和现代通信技术，是一个复杂系统。另一方面，林产品供应、需求的广泛性使得其供应与销售均呈现一定的分散状态，以致所产生的信息也具有发散的特点。

①信息来源具有分散性　目前，我国的林产品生产企业、销售企业一般具有大型、中型、小型三种类型，而林产品供应企业由于受到林产品原材料资源的限制，一般只具有中型、小型两种类型；分散的林农则是个体性质的。具体来说，在林产品供应链中，林产品生产商的上游是多级原材料供应商的供应商，下游是多级销售商，所以该供应链的独有特征表现为中间集中两头分散。首先，上游原材料供应商之一的林农在集体林权制度的改革下，拥有了一定数量的森林资源经营权，由于林农的个体分散性，即使有上一级供应商组织林农提供原材料，供应商所面对的林农也是呈现分散状态的，必然导致信息来源具有

多元性；其次，目前，商品林生产商的规模比较小，也在某种程度上使得信息来源具有多样性。最后，林产品销售方面也有类似的情况存在。林产品需求者涉及面广，既有各色各样的个人又有不同的团体，因此决定了为此提供服务的销售商规模不一定大，但可能为数众多，销售信息的来源可能涉及的范围较广，全国甚至是国外，也使得信息来源呈现出分散性。这两种来自于林产品供应商与销售商的信息分散状态必然使得林产品供应链管理系统的信息传达和反馈困难，给这个系统的信息化建设增加了难度。

②信息化的实现具有极限性　林产品生产商是林产品供应链的核心企业，信息化建设成为林产品生产商立足市场的自觉行动，在意识上表现为重视信息系统的研究和开发，在行动上采取各种必要措施为信息系统的构建做好人力、财力和物力的准备。通过市场信息反馈，其不但可以了解企业产品在市场中的销售情况，也可以及时了解市场的需求以不断开发、改进原产品。但现实中，林产品销售商、供应商在信息系统建设上存在着明显的滞后性，以致林产品供应链的信息化实现有一定的困难与极限。这主要因为：①林农、商品林生产商绝大多数生活在边远山区，加之其经济能力非常有限，所以很难建设程度较高的信息体系，甚至一般的信息系统建设也难以完成；②虽然林产品消费地多数集中在城镇，但往往由于销售商的个体规模较小的影响，信息化建设一般存在资金不足的困难；③还有一个重要的因素是思想方面的影响，少花或不花投资在信息化建设上的思想或多或少不同程度地存在于林产品供应链的各个节点企业中。

10.2　基于 Multi-Agent 的林产品供应链管理系统的信息共享要求

①整体性要求　林产品供应链管理不仅包括供应商、生产商、销售商、顾客各自层面上信息系统的建设，更包括整个供应链的信息一体化要求。其信息传递内容涉及生产、经营、销售、顾客诸多方面，要求信息系统的传递自动化并及时、准确。

②递进化要求　林产品供应链管理信息化实现的递进化包括两个方面的含义：一是这个系统的信息化是一个从初级到高级的递进过程，即计算机从单台应用到部门应用，从部门应用再到综合应用；二是计算机网络化的实现从低级向高级不断递进，即从基层计算机联网，到部门之间的联网，再到企业节点之间的网络构成，最终实现整条林产品供应链信息网络化。

③阶段性要求　在林产品供应链管理信息体系建设目标明确的前提下，其实现则需要分阶段完成，这与当前整个林产品产业整体信息化水平较低有直接关系。林产品供应链上单个要素信息体系的建设必须围绕总目标要求展开，经过不断的阶段性努力，最终实现信息网络化目标。

④外部连接性要求　这个系统的外部连接性取决于两个方面，即各个节点信息系统的建设和节点之间的网络建设的完整性，当然也可以与系统外部网络连接。

⑤一致性要求　林产品供应链上节点内部的信息系统建设是林产品供应链网络建设的重要组成部分，一是要按照各节点自身的要求建设自己内部的信息系统，使得自身内部各部门之间信息传递高质量的实现；二是内部信息系统要满足林产品供应链管理信息系统运行要求，只有这样才能形成步调一致，以提高林产品供应链管理信息体系的整体质量。

10.3 基于 Multi-Agent 的林产品供应链管理系统的信息化实现原则

林产品供应链是一条复杂长链，一条完整的林产品供应链有众多的节点，每一个节点上拥有的资金、技术、人员素质、装备都不尽相同，甚至相差较大。就目前状况看，林产品供应链管理信息化建设的困难是必然存在，在建设时需要把握以下原则：

①总体原则　林产品供应链管理系统的信息化建设以其中的核心企业为主体，应坚持：在信息化标准统一的前提下确保信息快捷、共享。

②分层建设原则　这个原则包含两层含义，一是以 Internet 为平台的信息网链建设。二是各节点内部 Intranet 网络结构的建设。前者是前提，后者是基础。前者的要求是林产品供应链上所有节点企业要遵守信息化标准格式要求；后者的内部格式节点可以根据自身实际情况采用一定的格式，但前提条件是要有接口确保与林产品供应链管理网络相连接。

③优化原则　林产品供应链管理的目标之一就是通过降低成本以提高其整体竞争能力，所以在建设信息系统的过程中应有不断优化的思想意识与控制手段。

10.4 基于 Multi-Agent 的林产品供应链管理系统的信息化实现技术与设备

基于 Multi-Agent 的林产品供应链管理信息化体系一旦实现即改变了传统的信息收集和传播方式，是传统管理方式向现代管理方式的极大转变，但该信息体系有低、中、高不同层次，其中的智能化信息系统是最高层次。因此，这个信息化系统是从初级基础层建设开始的，经历信息网络化建设到更高一级的智能化信息建设。纵观其他类型的产品供应链管理信息系统，目前一般都将建设层次定位在信息网络化建设层次上。本书也将林产品供应链管理信息系统的建设定位在信息网络化建设层次上。很显然，不同层次的信息化建设所需要的软、硬件要求各有区别。如表 10-1 所示，林产品供应链管理信息系统所需要的主要技术和设备以供应链中的核心企业为中心并将从生产层、管理层、经营层三个层次来标示。

表 10-1　林产品供应链管理信息系统主要技术和设备表

Table 10-1　Principal technology and equipments of forest products supply chain management information system

层面	信息化内容	主要软件	主要硬件设备	应用目的
生产层	生产商产品开发于生产自动化	Agent 和其他生产设计软件（CIMS、CAD、CAPP、PDM、MRP2 等）	自动化生产设备、智能仪表、服务器、客户机、网络产品和绘图设备等	林产品设计、工艺设计、生产过程的自动化和半自动化的柔性制造、敏捷制造和即时制造的实现
管理层	人、财、物等管理自动化	Agent 和管理实软件（ERP、OA、PDM、MIS 等）	计算机外设、服务器、客户机、网络产品和自动化仓库等	内部管理办公自动化自动生成各统计报表和作业计划

（续）

层面	信息化内容	主要软件	主要硬件设备	应用目的
经营层	林产品供应链上各要素之间的联系自动化	Agent 平台软件(swarm)仿真软件	网络产品 接口 服务器	实现林产品供应链上智能决策和信息传递

10.5　基于 Multi-Agent 的林产品供应链管理信息化实现方式

　　从信息系统发展的角度来看，伴随着科学技术进步和 IT 产业的发展，计算机软、硬件配置不断更新换代，信息化市场的划分越来越细，信息化系统也不断得到完善和升级，这些变化无疑给企业信息化系统的建设和完善带来创新机会，同时也给企业带来了一定的压力。从前面所述的内容可知，一般情况下，林产品生产商在信息化建设中基本能提供人、财、物的相应支持，林产品销售商虽然会困难一些，但基本上也会响应，可林产品供应商尤其是个体林农困难就比较大，现实中一般需要得到生产商多个方面的支持。所以，在实现林产品供应链管理信息化建设的方法上需要着重考虑保证运营质量基础上的设计、运行、维护的低成本战略。

10.5.1　统一融资租赁方式

　　目前，信息系统的硬件投资成本在不断提高，势必给供应链上各节点企业硬件设备的投入带来了越来越大的压力，给林产品供应链管理信息化建设带来障碍，通过融资租赁可在一定程度上使硬件设备投入成本降低、同时可提高硬件设备利用率和即时实现设备的升级和换代，也可克服 IT 设备积压、过时的缺陷。第二，供应链在信息化系统建设初期容易出现"投资黑洞"现象，即在建设初期，虽然各节点环节投入了资金，但因各行其是，可能导致所购买的设备不匹配而不能实现信息共享。供应链管理信息化系统最终的目的是通过供应链上所有相关企业的信息网络化实现信息共享，所以应以供应链上的核心企业为中心，通过协商，统一融资租赁，这样可以在设备配置上实施系统化，避免发生设备不匹配的冲突，而且可以有效降低建设成本，也易使供应链管理信息化较快达到一个新的水平。第三，信息设备的一个最大特点就是升级换代快，采用租赁方式可有效降低此种风险。设备租赁到期后，租赁双方可就设备的残值等问题协商，使风险降到最低。从表面上看，租赁的费用要高于贷款的利息，但就整体而言，租赁费用包含了项目评估、设备选购、设备采购、服务等费用，除此之外租赁还可以享受加速折旧的优惠，所以实际租赁的费用比贷款费用低。鉴于以上三个方面的原因，林产品供应链管理信息系统的建设适宜采用统一融资租赁的方式，这样既可得到信息系统需要的最新设备，也可以根据需要不时地对系统进行改造。目前，有资料表明：我国邮政系统通过融资租赁的方式引进移动通信和电话设备累计金额达 20 多亿美元；我国已有 6000 多家企业利用融资租赁方式进行技术改造，引进设备累计金额达 276 亿元人民币。在此引入 IBM 公司全球融资租赁集团中国区总经理黄琼慧对统一融资租赁的评价：统一融资租赁除了分散风险、降低成本、合理利用资金等优越性外，它还可以在税收上得到合理的安排。这句话在一定的程度上说明了融资租赁具有广阔的应用前景，当然也应看到统一融资租赁方式在我国应用的广度和深度还有待提高。

10.5.2 应用服务商服务方式

林产品供应链管理信息系统的建设不仅需要具有硬件设备，同时也需要软件的配合。软件与硬件设备具有类似特点，即需要选择和通过开发不断升级。另外，软件的使用者需要具有一定专门的技术人才。通常来说，软件实现方法主要有两种，一是自我实现，通过自身力量投入人力、物力、财力，从软件选择，软件的使用开发到软件的实际应用由企业自己完成，同时对软件的维护也由自己解决，这一方法实现的基本条件是企业具有较强的经济、人力资源的实力；二是借助社会力量完成信息系统软件配置和维护。从目前的实际情况看，社会所能提供的IT专业人才的短缺与社会需求之间存在的矛盾将是一个长期的问题，这就导致了独立于企业的专业化应用服务商的应运而生。专业化应用服务商提供的服务主要是：为企业提供建立信息交流的平台和选择适合平台使用的配套信息系统解决方案并完成相应的系统维护。对于林产品供应链管理信息系统来说，这种服务方式的核心是提供基于Internet的网络技术的企业信息化的解决方案，为供应链提供企业内部管理信息系统、企业间信息交换系统、专业管理系统和维护等服务；另一方面，应用服务商的服务可对林产品供应链管理节点企业的工作流程进行信息化管理，使节点企业之间实现采购、加工、物流、系统资源的信息共享；还有一个服务是无需供应链上的企业购买专用的服务器，服务器由应用服务商提供，企业则通过租赁方式使用。运用应用服务商的这种外向型服务方式具有现实意义。

10.6 XFL公司林产品供应链管理信息化实现

XFL公司以科研立项的形式向市政府和市科学技术委员会提出建设供应链信息系统的申请，立项获准后并得到项目资金150万元，该公司又自筹150万元投入信息系统的建设，主要做了两方面的工作：建立了Intranet网络结构；搭建了面向服务体系（Service Oriented Architecture，简称SOA）的服务平台。

（1）基于Multi-Agent的XFL公司林产品供应链SOA信息平台

面向服务的体系结构架构，可根据需求通过网络对松散耦合的粗粒度应用组件进行分布式部署、组合和使用。以服务的组合和交互为基础，与消息关联，由策略控制。系统中的每一个应用都被当作一个服务来调用和管理。因此，SOA是设计和构建松散耦合软件较好的解决方案，具备以程序化的可访问软件服务形式公开业务功能，可以使其他的应用程序通过已发布和发现的接口来使用这些服务。

如图10-1所示，XFL公司的SOA的结构层次为：服务提供者（service provider）发布自己的服务，并且对使用自身服务的请求进行响应；服务代理（service broker）注册已经发布的服务提供者，对其进行分类，并提供搜索服务；服务请求者（service requester）利用服务代理查找所需的服务，然后使用该服务。SOA体系结构中的组件具有上述一种或多种角色。在这些角色之间使用了三种操作：发布（publish）使服务提供者可以向服务代理注册自己的功能及访问接口；查找（find）使服务请求者可以通过服务代理查找特定种类的服务；绑定（bind）使服务请求者能够真正使用服务提供者。XFL公司的SOA结构用最流行的、基

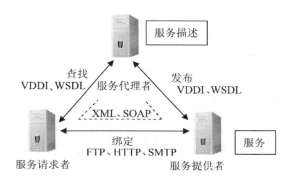

图 10-1 基于 Multi-Agent 的 XFL 林产品供应链 SOA 信息平台结构简图
Figure 10-1 Diagram of forest products of Xinfeilin Co. supply chain SOA
information platform based on Multi-Agent

于标准的、经济实惠的 Web 服务实现。而且其中的组件相互交户可使用 Web 服务的一些标准技术，如服务描述（VDDI、WSDL）、通讯协议（SOAP）以及数据格式（XML）等开发者可以开发出平台独立、编程语言独立的 Web 服务，从而充分利用现有的软硬件资源和人力资源。

基于 SOA 的 XFL 公司信息化体系平台的架构如图 10-2 所示。该架构共分为表示层（UI）、服务发布层（web services）、业务逻辑层（BLL）和数据访问层（DAL）四层。各层的功能及联系如下：①表示层：实现 XFL 公司用户交互界面，用 Web 浏览器、Windows 界面。该层是面向用户的一层，通过提供用户交互界面，接受用户交互，判断界面数据的有效性，该层设计成为状态模式。②服务发布层（简称服务层）：XFL 公司为表示层的核心，该层次一方面服务生产商内部所产生的需求，公司管理企业内部信息要求，反映对外需要的信息传递，公司对供应链上各节点传递需要配合信息等；另一方面通过公司与林产品供应链上其他节点企业的连接，为其提供交流平台并使其了解供应链运行状况，获取工作需要的有关信息。③业务逻辑层：该层功能为林产品供应链节点上的林产品供应商、销售商、顾客与生产商提供信息沟通服务，各种业务逻辑可封装为相互独立的服务，完成原材料供应商、销售商、顾客对林产品供应链状态的查询等功能。④数据访问层：数据逻辑组件将 XFL 公司以及各节点企业有关的客户资料、市场需求、产品库存、订单需求等数据存在此处，以便供应链节点企业根据需要即时调用，数据访问层兼有功能扩展。

（2）基于 Multi-Agent 的 XFL 公司林产品供应链 SOA 信息平台的特色

基于 Multi-Agent 的 XFL 公司供应链 SOA 物流信息平台由以上所表述的表示层、服务层、业务层和数据访问层四个主要层次构成，这四个层次相互关联，以保证该信息平台具有以下特色：①通过设立服务层强化了表示层与业务层的联系，表示直观，简化了对业务对象的操作，提高了系统的响应效率。从图 10-2 中可以看到，在表示层和业务层之间有一个服务层，该服务层直接显示出与业务层的直接关系，这正是林产品供应链管理中需要反映出的以 XFL 公司为核心的林产品供应链管理的关系。这种层次结构为典型的面向对象模型。服务层的存在减少表示层直接调用业务层的繁重任务，同时克服表示层对业务对象的直接操作而降低了层与层之间的独立性，使业务对象的调用变得困难的弊端。在表示层

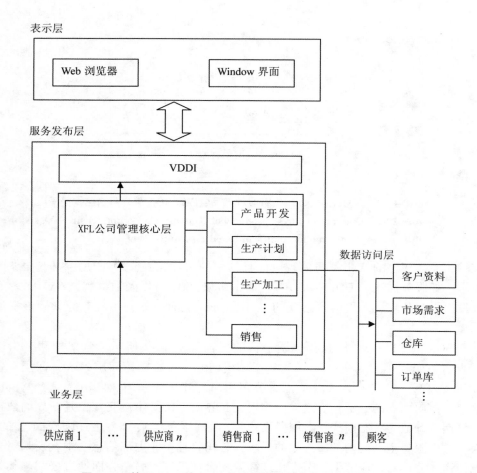

表示层

Web 浏览器   Window 界面

服务发布层

VDDI

XFL公司管理核心层

产品开发
生产计划
生产加工
⋮
销售

数据访问层

客户资料
市场需求
仓库
订单库
⋮

业务层

供应商 1 ··· 供应商 n 销售商 1 ··· 销售商 n 顾客

图 10-2 基于 SOA 的 XFL 公司供应链信息化平台的架构图
Figure 10-2 Frame diagram of forest products of Xinfeilin Co. supply chain SOA information platform based on Multi-Agent

和业务层之间加入服务层之后，表示层不再直接操作业务对象，而是通过服务去访问它们。业务对象驻留在类库里，由服务将它们加载到内存中，此时，因为服务层和业务层都处在同一流程中，对业务对象的操作就变得很容易了。可以将"服务"看成一个"黑盒子"，它操作应用对象并给出结构，从而减少了层与层之间的交互。② 独立开放的接口使系统具备了强大的整合能力，大大降低了林产品供应链管理信息系统的开发成本。在开发新功能时，可以采用任何一种编程语言，这是因为 SOA 将这些服务通过定义良好的接口和协议联系起来。接口是采用中立的方式进行定义的，它独立于实现服务的硬件平台、操作系统和编程语言，这使得构建林产品供应链管理信息系统中的服务可以以一种统一和通用的方式进行交互。因此，SOA 中的服务可以独立编写，也可重置原有孤立的应用程序中的功能模块，正好体现了 SOA 整合原有系统的强大功能。也就是说，可以通过将林产品供应链管理信息系统中的部分模块发布为服务以供其他模块共享应用，即完成业务逻辑层的服务。

由于信息化建设的特殊性，当前 XFL 公司在其建立林产品供应链及其供应链管理系统的过程中，对于信息支撑体系建设来说，主要完成了两方面的工作：一是利用 SOA 平台，在实际生产应用中不断完善内部 Intranet 网络结构，完成各项调试工作，使以 SOA 为平台的内部网络平稳运行；二是完成了基于 SOA 为技术平台的向外连接林产品供应商和销售商的信息体系构建，基本做法有两个方面：在计算机租赁有限公司帮助下，在 SOA 平台上接入模拟原材料供应商和销售商的相关技术参数，完善和调试运行状况；在供应链理论指导下优选原材料供应商和销售商，利用公司现有技术平台和资金上的优势，在租赁公司指导下，对重点供应商和销售商在一定条件下提供技术和资金上的帮助，使其尽快完成信息化体系的构建，以 SOA 平台为基础，最终完成信息系统的建设。

11

结论与展望

11.1　主要研究成果与结论

人类自进入工业化时代以来，社会生产中企业数量与规模的增加与扩大、企业追求利润最大化的本性以及企业所需要的资源的匮乏等因素导致了愈来愈剧烈的市场竞争，同时也促进了实用性企业管理理论与技术的产生与发展，供应链管理理论与技术就是其中之一，它是应企业在市场竞争中提升企业形象与绩效而应运而生的，其刚一诞生便受到了学术界和企业界的广泛关注，但由于市场变化的不确定性，供应链管理理论与技术也需要不断完善和发展，尤其在应用领域，必须将供应链管理理论、技术与具体行业相结合才能使其具有现实意义，为此本书在分析了林产品与林产品生产企业所具有的主要特点的基础上，应用供应链管理理论、技术并结合 Agent 技术构建了林产品供应链并对供应链进行了管理探寻，归纳起来主要研究内容和结论有以下几个方面：

（1）从运用的角度出发，总结和归纳供应链管理理论、技术和 Agent 技术的核心应用特点；供应链管理的本质、供应链的组成结构、典型的供应链管理模型即智能供应链管理模型、集成供应链管理模型；以 Agent 的弱概念和强概念为基础构建林产品的 Agent 结构模型，并由此选择有统一目标的 MAS 系统作为应用模型。

（2）在分析我国林产品内涵及林产品特点的基础上，进一步分析了林产品经济的发展状况，林产品生产企业发展过程中面临的主要挑战及其运营过程中存在的主要问题，我国林产品生产的资源基础状况。从林产品原材料获取、生产加工、销售所具有的特点出发，阐述我国林产品生产发展中实施林产品供应链管理的必要性和可行性。

（3）分析林产品供应链的含义与特点，林产品供应链的基本结构。林产品供应链管理的含义、目的和意义，提出了基于 Multi-Agent 的林产品供应链管理系统的组成结构和网络结构，以运输和库存成本为纽带构建了林产品供应链管理的集成模型；对林产品供应链管理运作的策略选择进行了分析，主要包括生产商采购策略、林产品生产商与销售商的博弈策略、林产品生产商与销售商的博弈策略，采购订单中的利益机制的缺陷分析。研究基于 Multi-Agent 的林产品供应链管理系统中的企业核心竞争能力培育思想与建议。

（4）构建基于 Multi-Agent 的林产品供应链管理系统模型，主要包括基于 Multi-Agent 的林产品供应链的组合功能表达，基于 Multi-Agent 的林产品供应链管理的建模思想，面向 Multi-Agent 的林产品供应链管理系统分析，基于 Multi-Agent 的林产品供应链管理系统原理与结构模型，林产品供应链生产商的 Multi-Agent 结构，基于 Multi-Agent 的林产品供应链管理运营中的 Agent 的动态加载能力、Agent 之间的通信机制。

（5）分析了基于 Multi-Agent 的林产品供应链管理与控制系统，并给出了基于 Multi-Agent 林产品供应链成本管理控制的智能化模型，研究了基于 ELECTRE-Ⅱ算法的 Multi-Agent 的林产品供应链管理系统中企业生产制造过程中的物流成本管理与控制方案优选问题。建立基于 Multi-Agent 的林产品供应链成本管理与控制的智能化模型。

（6）分析基于 Multi-Agent 的林产品供应链管理系统的仿真系统属性、仿真方法、仿真步骤与流程，构建基于 Multi-Agent 的林产品的仿真模型；应用仿真软件 Flexsim，选取林产品生产商与林产品供应商联盟模型进行局部仿真，并分析仿真检验结果。

（7）分析基于 Multi-Agent 的林产品供应链成本，主要包括：传统单个企业的成本管理；基于 Multi-Agent 的林产品供应链的成本构成；基于 Multi-Agent 的林产品供应链的成本管理与控制系统。建立基于 Multi-Agent 的林产品供应链成本管理与控制的智能化模型。

（8）研究并建立基于 Multi-Agent 的林产品供应链管理系统绩效评价指标体系并进行实践评价；构建基于 Multi-Agent 的林产品供应链管理系统绩效评价体智能化模型。

（9）进行了 Multi-Agent 的林产品供应链信息化建设，主要包括：分析 Multi-Agent 的林产品供应链信息特征、共享要求、信息化实现原则、信息化实现的主要技术与设备、信息化实现方式；给出基于 Multi-Agent 的林产品供应链管理系统 SOA 信息平台模型，并分析其信息化平台的特色，选择林产品供应链信息化实现的方法。

11.2　主要创新点

（1）基于林产品特点，界定了林产品供应链与林产品供应链管理的概念，分析了基于 Multi-Agent 的林产品供应链管理系统的组成结构与网络结构，建立了基于 Multi-Agent 的集成林产品供应链管理模型，提出了基于 Multi-Agent 林产品供应链管理系统运作的三个重要策略，给出了基于 Multi-Agent 的林产品供应链管理中的企业核心竞争力的培育思路与建议。

（2）分析了基于 Multi-Agent 的林产品供应链的组合功能表达，构建了基于 Multi-Agent 的林产品供应链管理的系统原理模型与系统结构模型，建立了林产品生产商的 Multi-Agent 结构模型，并分析了基于 Multi-Agent 的林产品管理系统的动态加载能力组件、Agent 间的通信机制。

（3）分析了基于 Multi-Agent 的林产品供应链管理系统的仿真系统属性、仿真方法、仿真步骤与流程，构建了基于 Multi-Agent 的林产品的仿真模型；应用仿真软件 Flexsim 对林产品生产商供应商联盟模型进行了实践性局部仿真并进行了检验。

（4）分析了基于 Multi-Agent 的林产品供应链的成本构成及其成本管理与控制系统。建立了基于 Multi-Agent 的林产品供应链成本管理与控制的智能化模型。研究了基于 ELEC-TRE-Ⅱ算法的 Multi-Agent 的林产品供应链管理系统中企业生产制造过程中的物流成本管理与控制方案优选问题。

(5)建立了基于 Multi-Agent 的林产品供应链管理系统绩效评价指标体系并进行了实践评价；构建了基于 Multi-Agent 的林产品供应链管理系统绩效评价体系智能化模型。

(6)给出了基于 Multi-Agent 的林产品供应链管理系统 SOA 信息平台模型，并分析了其信息化平台的特色。提出了在具体的林产品供应链管理信息化实现过程中，采用融资租赁方式是降低林产品供应链管理信息成本的主要方式之一。

11.3 展望

供应链管理是当今企业管理领域中所关注的一个焦点问题，其在实践应用中取得了令人瞩目的成绩，为此，本书期望通过供应链管理与 Agent 技术的结合应用，建立基于 Multi-Agent 的林产品供应链管理系统，目的是既拓展供应链理论的应用研究，又能切实解决林产工业经济发展中的一些微观问题，比如林产品生产与管理的效率问题等，而且还由此必须重新直面林产工业可持续发展的基础问题即森林资源的培育与供应可持续发展的协调与实现。由于可持续发展思想的出现，彻底改变了以往人类在社会经济发展中对待自然资源与环境乃至整个地球的态度。可持续发展是当今世界各国唯一可选择的发展模式，因此，在本书的写作过程中，笔者已经关注到了这个主题，并已作了一些论述，但鉴于本书的中心论点所限，故而论述不多，但认为通过建立林产品供应链与实施供应链管理其中一个目标就是通过供应链集约化或一体化联盟的管理能够节约林产品原材料尤其是林木资源，同时也能在一定程度上促进人工商品林原材料的生产，保证人类对林产品最基本的需求，可持续发展林产工业。要深入了解研究这一问题，应该将其视为一个系统工程问题，涉及的方方面面都应研究，但由于文章主题与篇幅的局限性，本书还是侧重于研究结合 Agent 技术的林产品供应链建立与其供应链管理方面的问题。重点论述了林产品的生产与需求状况、林产品的特点、林产品供应链的特点等内容，在此基础上划分、阐明了林产品供应链组成的四个主要的 Agent 模块，即林产品供应商 Agent、林产品生产商 Agent、林产品销售商 Agent、林产品消费者 Agent，并在紧密围绕这些模块之间的关系的前提下构建了本书的章节，在这些章节内容中，主要对林产品供应链与林产品供应链管理系统进行了分析，建立了基于 Multi-Agent 的林产品供应链管理系统并作了局部仿真，建立了林产品供应链绩效评价指标体系与智能化评价模型，研究了这条供应链的成本管理控制与信息化建设等。对在微观上重要的一些影响因素或方面也作了论述，比如林产品生产商与供应商的博弈策略、供应链上相关企业的核心竞争力培育、ELECTRE-Ⅱ法的物流成本优化等。总的来说，本书论述了基于 Multi-Agent 的林产品供应链管理系统的核心内容，但在一些细节处理与论述上深入不够，比如，只作了局部仿真；采用所建的指标体系进行实践性评价中，有的数据是取平均值作为计算依据，其计算结果精度有待进一步提高；对保障体系所涉及的内容只做了很少的重点论述等。

参考文献

别恒洁，王浩宇，王茂领．2015．基于信息化环境集装箱自动化堆场物流系统仿真与分析[J]．信息技术与信息化(10)：156－157．

蔡优培，杨乐，信若飞，等．2019．基于Flexsim的工厂物流配送中心仿真及优化[J]．物流工程与管理(6)：58－59．

陈栋．2019．新零售驱动下流通供应链商业模式转型升级[J]．商业经济研究(13)：29－32．

陈汉新．2019．供应链系统下的企业物流管理研究[J]．现代经济信息(9)：67．

陈爽．2017．机电系统建模理论与方法[M]．长沙：中南大学出版社．

陈思．2013．基于物流需求多样性的区域物流规划方法研究[D]．成都：西南交通大学．

陈宗海．2017．系统仿真技术及应用[M]．合肥：中国科学技术大学出版社．

程宝栋，张英豪，赵桂梅．2011．世界林产品贸易发展现状及趋势分析[J]．林产工业(4)：3－7．

程丽新，殷京标．2012．我国商品林业产业化发展的问题与对策建议[J]．农村经济与科技(2)：33－35．

丛勤．2008．多代理系统研究[J]．伊犁师范学院学报(2)：42－44．

崔会芬．2017．供应链仿真研究[J]．建材发展导向(7)：20．

丁存振，肖海峰．2018．中国与"一带一路"沿线地区农产品产业内贸易分析[J]．当代经济管理(11)：46－52．

丁吉萍．2011．中国林业产业区域比较优势研究[D]．长春：吉林农业大学．

丁琬清．2019．传统物流管理向现代供应链管理模式转变的研究[J]．物流工程与管理(6)：15－16，34．

杜欣．2018．现代物流与供应链管理在企业中的应用[J]．物流商论，25：17－18．

方守林．2014．Swarm复杂系统建模平台的建立与测试[J]．电子科技，27(3)：46－47，51．

费聪，郭杰英．2018．浅谈供应链管理中的成本管理[J]．中小企业管理与科技(3)：22－23．

费益昭．2015．FM公司创新绩效的管理体系研究——基于平衡记分卡[D]．广州：广东财经大学．

冯恒，杨争林，郑亚先，等．2018．发电商多输入决策因子竞价的智能代理模拟方法[J]．电力系统自动化(23)：72－80．

符晓．2018．云计算中基于共享机制和群体智能优化算法的任务调度研究[D]．成都：西南石油大学．

付娜．2019．国内外农产品供应链管理研究综述及展望[J]．农业消费展望，15(1)：113－116．

郭俊荣．2008．基于Multi－Agent的敏捷供应链管理的设计与实现[D]．长春：吉林大学．

国家林业局．2017．2017中国林业发展报告[M]．北京：中国林业出版社．

国家林业局．2018．2018中国林业发展报告[M]．北京：中国林业出版社．

韩芹，龚奇斌．2014．汽轮机控制系统仿真研究发展与展望[J]．计算机光盘软件与应用(20)：137－138．

何波，朱荣艳，宁晓利．2017．物流与供应链管理理论与实务[M]．长春：吉林大学出版社．

何昇轩．2016．基于B2B平台的线上供应链金融风险评价研究[D]．长春：吉林大学．

衡军，黄锐，衡辉．2017．军用分布交互式仿真的基础及相关技术[J]．自动化与仪器仪表(3)：41－42，45．

胡延杰．2017．全球木质林产品贸易现状及发展趋势分析(三)[J]．国际木业(2)：1－5．

黄思杰．2018．生鲜农产品双渠道供应链冲突与协调管理策略[J]．农业经济，7：133－134．

姜晴晴.2017.基于社会网络分析的国际木材贸易格局与中国发展态势研究[D].哈尔滨：东北林业大学.

蒋苏苑.2014.供应链视角下基本药物的需求预测建模与采购管理策略研究[D].南京：南京中医药大学.

李进芳.2017.丝绸之路经济带国家林产品贸易现状及其合作前景分析——以俄罗斯、中国、印度、哈萨克斯坦等国为例[J].世界农业(4)：75–83.

李林，单长吉.2014.系统仿真在工业设计中的应用综述[J].黑龙江科技信息(3)：1.

李娜，杨茹.2018.企业信息化的最佳模式——外包模式[J].科技视界，13：233–234.

李倩.2013.现代林产品功能和存在的问题及对接[J].科技风(17)：264

李文静，王晓莉.2018.绩效管理[M].沈阳：东北财经大学出版社.

李晓栋.2019.浅谈物流供应链管理技术的发展创新及其应用分析[J].中国物流与采购(7)：52–54.

李晓静.2016.竞争供应链的纵向结构选择与合作契约设计[D].成都：电子科技大学.

林贵华，王艳茹，朱希德.2017.基于时间敏感产品的多厂商供应链管理[J].运筹与管理(3)：1–6.

林开虹.2016.浅析企业在经营成本管理中的漏洞及策略[J].中国集体经济(12)：122–123.

刘思峰.2017.灰色系统理论及其应用[M].北京：科学出版社.

刘文宇.2017.试论"企业+合作社+农户"模式对茶叶产业化的影响——柳州市茶叶产业发展案例分析[J].中国茶叶(10)：16–18.

刘兴龙.2016.国有林区林产工业概述[J].黑龙江科技信息(19)：265.

龙江.2011.供应链协同管理信息失真与对策[J].中国物流与采购(23)：74–75.

龙勤，孟利清，黄新.2007.基于多Agent林产品供应链管理框架的构建[J].中国市场，49(2)：111–113.

龙勤，孟利清.2006.企业生产–配送系统中的ELECTRE–Ⅱ算法[J].控制与决策，46(6)：145–149.

吕小峰，钱志新.2011.基于多代理的人工供应链仿真模型分析与设计[J].物流科技(4)：79–83.

吕迎烈.2018.基于云环境下多Agent分布式供应链信息协同研究[D].武汉：武汉理工大学.

马丽.2015.新常态下黑龙江省国有林区经济转型问题研究[D].哈尔滨：东北东林大学.

马士华.2017.供应链管理[M].北京：中国人民大学出版社.

毛腾飞.2016.供应链绩效评价研究综述——基于国内近十六年核心期刊[J].物流工程与管理，38(12)：112–114，130.

孟利清，陈文均，龙勤.2017.基于多Agent的供应链绩效评价模型研究[J].科学研究月刊，47(3)：134–136.

孟利清，黄新.2005.供应链管理在云南省林业产业开发中的应用初探[J].森林工程，46(7)：41–43.

孟利清，龙勤.2005.基于供应链的云南林产企业核心竞争力培育思考[J].林业建设，49(6)：31–33.

孟利清，龙勤.2006.基于多Agent的林产品物流仿真建模思考[J].林业建设，41(2)：35–37.

孟庆佳，杨晓东，樊志海，等.2013.Swarm仿真系统在农机评价体系中的应用[J].农机化研究(6)：190–192，213.

苗世迪，丁思思.2013.供应链竞争与协调研究述评[J].哈尔滨工业大学学报(社会科学版)(3)：65–69.

穆晓静.2017.供应链管理研究综述[J].科技经济导刊(13)：224.

潘飞.2018.成本会计[M].上海：上海财经大学出版社.

彭春燕.2014.基于《产品成本核算制度(试行)》对林业企业成本核算的思考[J].绿色财会(3)：21–22.

平海.2017.物流管理[M].北京：北京理工大学出版社.

乔思休斯，等.2003.供应链再造[M].大连：东北财经大学出版社.

秦炳，曹优优.2017.中国产业西移与经济增长——基于地租、距离成本与资本积累的研究[J].中国发展(2)：31–37.

尚利，王爱军，吕玉惠 . 2015. 基于集成化供应链的内部绩效评价研究[J]. 现代电子技术，38（3）：
　　108 – 111.

省程 . 2012. 优化产业结构推动林产工业科技进步[J]. 中国质量万里行（10）：82.

施先亮 . 2018. 供应链管理[M]. 北京：高等教育出版社 .

施一帆 . 2015. 集成化供应链绩效评价分析[J]. 科技风，12：263.

宿兰辉 . 2018. 基于 SOA 的制造业物流信息平台的设计与实现[D]. 北京：北京工业大学 .

孙红，张乐柱 . 2016. 股份合作：林权抵押贷款的制度创新[J]. 林业经济问题（2）：133 – 138.

唐连生，李思寰，张雷 . 2013. 物流系统优化与仿真[M]. 北京：中国财富出版社 .

陶在朴 . 2018. 系统动力学入门[M]. 上海：复旦大学出版社 .

田喜平，黄勇杰 . 2018. 基于关联规则的大型关系数据库超文本查询算法研究[J]. 科技通报（10）：
　　109 – 112.

王茂林 . 2010. 供应链环境下的制造企业精益物流运作研究[M]. 北京：中国物资出版社 .

王绍媛，陈杨 . 2019. 中美服务业产业内贸易及其影响因素分析[J]. 江汉论坛（5）：60 – 67.

王晓达 . 2018. 基于 Flexsim 的 W 公司生产线生产排序仿真研究[J]. 山东工业技术（23）：105.

王星星 . 2017. 绿色供应链管理下供应商评价选择研究[D]. 太原：山西大学 .

王岩 . 2017. 软件定义光接入网资源抽象模型和开放控制代理技术研究[D]. 北京：北京邮电大学 .

魏江宁，陆志强，奚立峰 . 2009. 基于多代理系统的协同物流模式研究[J]. 工业工程与管理，14（6）：
　　24 – 27.

魏丽英，路科 . 2014. 现代教育技术应用与创新思维培养的高效协调机制研究——供应链管理视角下的分
　　析[J]. 电化教育研究（6）：38 – 43.

魏诗剑，曹玉昆，朱震锋 . 2019. "一带一路"背景下中国林产品贸易发展的策略分析[J]. 林业科技（1）：
　　57 – 62.

魏修建，姚峰 . 2013. 现代物流与供应链管理[M]. 西安：西安交通大学出版社 .

吴国胜 . 2019. 浅析森林资源管理与生态林业的发展[J]. 种子科技（5）：10.

吴丽丽 . 2017. 促进林业市场经济发育的方式分析与研究[J]. 绿色科技（9）：203 – 204.

吴烈 . 2017. 贵州林业生态建设与产业发展技术体系探究[J]. 农技服务（23）：191.

习怡衡，程延园 . 2019. 基于供应链合作伙伴关系的利益分配机制研究[J]. 统计与决策（5）：59 – 63.

肖田元，等 . 2010. 系统仿真导论[M]. 北京：清华大学出版社 .

肖威 . 2015. 中国参与国际垂直专业化分工的贸易利益——基于制造业的实证研究[D]. 广州：暨南大学 .

亚历山大 I. J. 福瑞斯特 . 2018. 基于代理模型的工程设计实用指南[M]. 北京：航空工业出版社 .

杨红 . 2018. 我国制造业供应链管理的挑战和机遇分析[J]. 商场现代化（19）：10 – 11.

杨晓蓉 . 2018. 关系合同视角下的建设工程合同制度研究[D]. 南京：南京大学 .

杨永海 . 2014. 云南林业产业发展对策[J]. 农家科技（1）：301.

俞燕 . 2008. 基于多代理的供应链协同机制研究[J]. 物流技术（1）：75 – 76，119.

袁俊，郑龙，彭宽栋，等 . 2018. 基于"项目混合制"的公共实训基地建设运行模式的探索与实践——以杭
　　州大江东产业集聚区智能制造公共技能实训基地为例[J]. 中国培训（12）：62 – 64.

袁志强 . 2018. Q 公司基于信息化管理的融资租赁方案设计[D]. 大连：大连理工大学 .

翟丽君 . 2016. 平衡记分卡在企业绩效管理中的应用探讨[J]. 人力资源，28：97 – 98.

张超 . 2018. 企业供应链成本管理的问题与对策[J]. 中国制笔（1）：7 – 14.

张璠 . 2017. 供应链管理[M]. 沈阳：东北财经大学出版社 .

张鹏飞 . 2017. 石化企业供应链企业间协同优化模型研究[D]. 杭州：浙江大学 .

张秀君，刘成山 . 2012. 一种基于本体的多代理供应链管理模型[J]. 现代情报（1）：12 – 15.

章德宾，梅友松，胡斌．2018．经济社会系统仿真理论与应用［M］．北京：科学出版社．

赵立静．2016．基于多Agent的闭环供应链建模与仿真研［D］．秦皇岛：燕山大学．

赵小惠，董雅文，董博超，等．2019．多代理的电子商务配送模式利益分配研究［J］．徐州工程学院学报（自然科学版）（2）：35－39．

郑飞叶，智勇，邓凤珠．2018．基于多Agent的服装供应链并发协商模型研究［J］．物流科技（2）：140－143．

中国林产工业协会．2019．中国林产工业协会动态［J］．林产工业，460（4）：65－66．

Ardian Q，Zlatan M，Andrzej K．2018．A conceptual framework for measuring sustainability performance of supply chains［J］．Journal of Cleaner Production，73（4）：570－584．

Aries S，Arfan B，Nia B P，et al．2018．Performance analysis and strategic planning of dairy supply chain in Indonesia［J］．Emerald journal，67（9）：1435－1462．

Burrows J，Slater H，Macintyre F，et al．2018．A discovery and development roadmap for new endectocidal transmission-blocking agents in malaria［J］．Malaria journal（17）：462．

Cabernard L，Pfister S，Hellweg S．2019．A new method for analyzing sustainability performance of global supply chains and its application to material resources［J］．The Science of the total environment，164－177．

Florent B，Fleur C，Najda V，et al．2019．Object-oriented identification of coherent structures in large eddy simulations：Importance of downdrafts in stratocumulus［J］．Geophysical Research Letters，2854－2864．

Fu J，Constantin B，Hui S，et al．2019．Towards an integrated conceptual framework of supply chain finance：An information processing perspective［J］．International Journal of Production Economics，219（1）：18－30．

Gronalt，Rauch．2018．Analyzing railroad terminal performance in the timber industry supply chain—a simulation study［J］．Taylor journal：162－170．

Jonny E，Ben W，Andrew H．2019．Forecasting road traffic conditions using a context－based random forest algorithm［J］．Transportation Planning and Technology：554－572．

Sun H．2016．Relationship between knowledge-based resource and competitive advantage：The moderating effect of entrepreneurship orientation and learning orientation［J］．South China Journal of Economics（9）：32－46．

Tesfaye T F，Raghavendra K S，Kuei K L．2017．The impact of the core company's strategy on the dimensions of supply chain integration［J］．The International Journal of Logistics Management（3）：231－260．